SIMPLY

QUANTEN-PHYSIK

DK

DK | Penguin Random House

Lektorat
Miezan van Zyl, Angeles Gavira, Gillian Reid, Liz Wheeler, Jonathan Metcalf

Gestaltung und Bildredaktion
Mik Gates, Clare Joyce, Michael Duffy, Karen Self

Umschlaggestaltung
Sophia M.T.T., Akiko Kato

Herstellung
Meskerem Berhane

Für die deutsche Ausgabe:
Redaktionsleitung Dr. Kerstin Schlieker
Herstellungskoordination Bianca Isack
Herstellung Inga Reinke

Titel der englischen Originalausgabe:
Simply Quantum Physics

Übersetzung Dr. Stephan Matthiesen
Lektorat Manuela Kupfer

ISBN 978-3-8310-4606-5
5902-322079-22381-06

Druck und Bindung TBB, a.s., Slowakei

FSC www.fsc.org MIX Papier | Fördert gute Waldnutzung FSC® C018179

www.dk-verlag.de

INHALT

DIE QUANTENWELT

KLASSISCHE PHYSIKRÄTSEL

DIE **WELLENFUNKTION**

INTERPRETATIONEN DER **QUANTENMECHANIK**

QUANTEN-PHÄNOMENE

QUANTEN-TECHNOLOGIE

QUANTEN-INFORMATION

KERNPHYSIK

TEILCHENPHYSIK

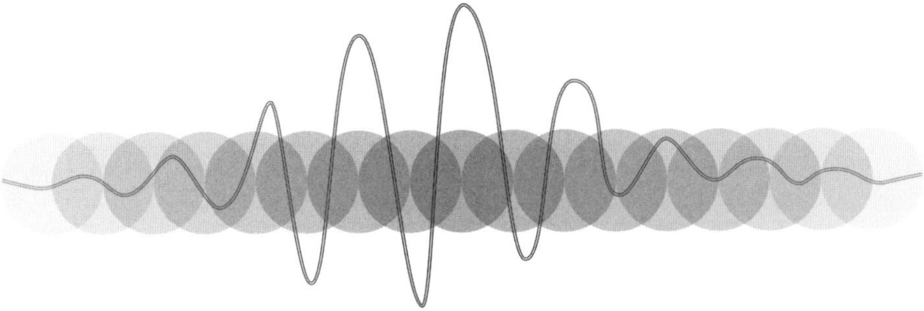

QUANTEN-GRAVITATION

QUANTEN-BIOLOGIE

BERATENDER HERAUSGEBER

Dr. Ben Still ist ein preisgekrönter Wissenschaftskommunikator, Teilchenphysiker und Autor. Er lehrt Oberstufenphysik und ist Gastwissenschaftler an der Queen Mary University in London. Er ist Autor einer wachsenden Anzahl populärer Wissenschaftsbücher und lehrt weltweit die Teilchenphysik mithilfe von LEGO®.

MITWIRKENDE

Hilary Lamb ist preisgekrönte Journalistin und Autorin, die über Wissenschaft und Technik schreibt. Sie hat zu früheren Titeln des DK Verlags beigetragen, etwa *The Visual Encyclopedia, #dkinfografik: Technik einfach verstehen* und *Big Ideas: Das Physik-Buch*.

Giles Sparrow ist populärwissenschaftlicher Autor, der sich auf Physik und Astronomie spezialisiert hat. Er hat zu DK-Bestsellern wie *Big Ideas: Das Physik-Buch, Spaceflight, Universum* sowie *Wissenschaft & Technik* beigetragen.

DIE

QUANT
WELT

E N -

Die Quantenphysik beschreibt, wie sich die Welt auf den allerkleinsten Größenordnungen verhält. Auf Skalen weit jenseits der besten Mikroskope beschreibt sie das Verhalten und die Wechselwirkung der Atome und der Teilchen, aus denen sie bestehen – den fundamentalen Bausteinen der Materie. Wissenschaftler bestätigten die Existenz subatomarer Teilchen erst 1897 mit der Entdeckung des Elektrons durch J. J. Thomson, aber die Möglichkeit, dass sich diese winzigen Teilchen manchmal wie Wellen verhalten, also der Schlüssel zum Verständnis der seltsamen Quantenwelt, wurde erst 1924 von Louis Victor de Broglie erkannt.

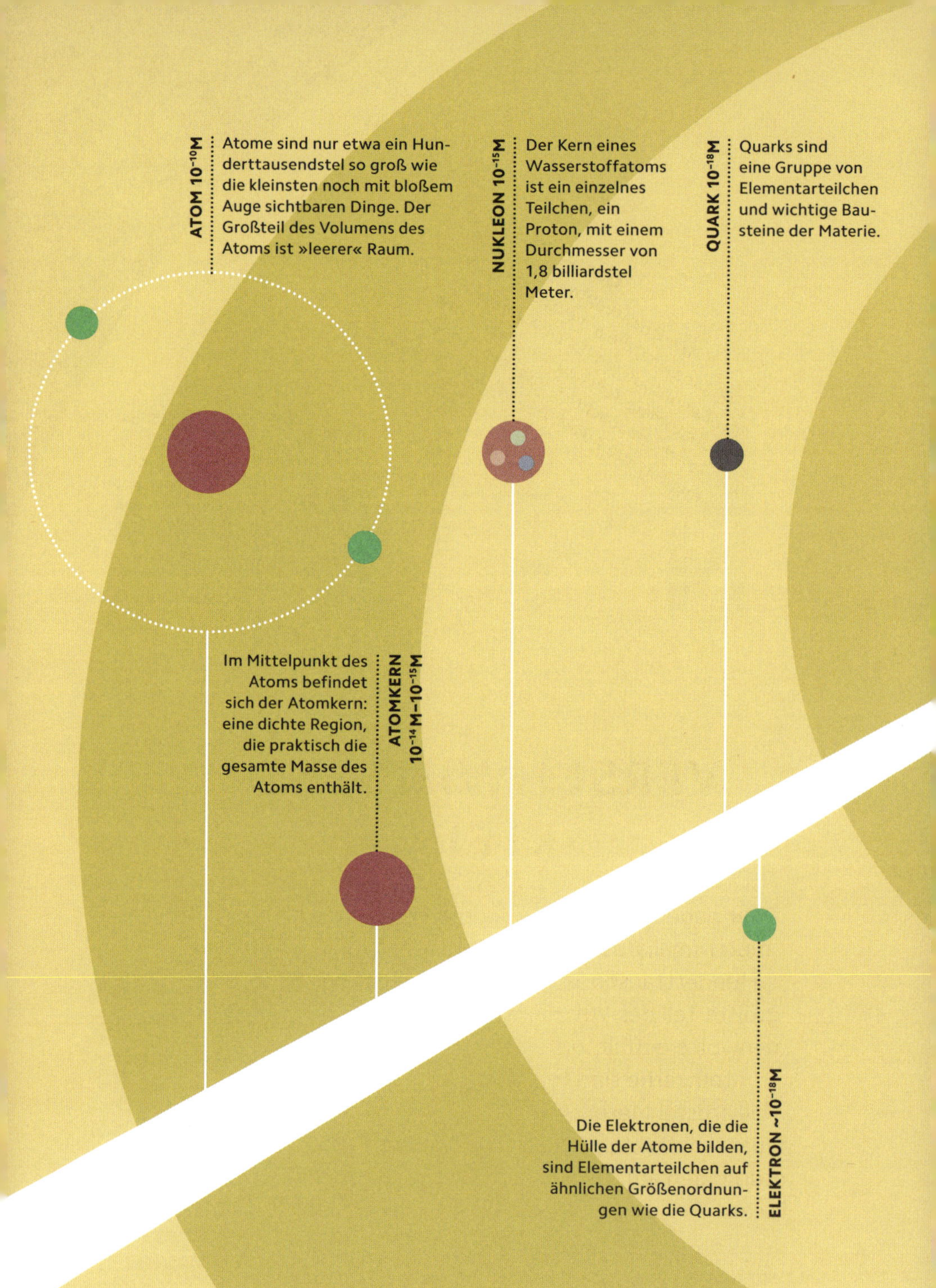
ATOM 10^{-10}M
Atome sind nur etwa ein Hunderttausendstel so groß wie die kleinsten noch mit bloßem Auge sichtbaren Dinge. Der Großteil des Volumens des Atoms ist »leerer« Raum.
NUKLEON 10^{-15}M
Der Kern eines Wasserstoffatoms ist ein einzelnes Teilchen, ein Proton, mit einem Durchmesser von 1,8 billiardstel Meter.
QUARK 10^{-18}M
Quarks sind eine Gruppe von Elementarteilchen und wichtige Bausteine der Materie.
ATOMKERN 10^{-14} M–10^{-15}M
Im Mittelpunkt des Atoms befindet sich der Atomkern: eine dichte Region, die praktisch die gesamte Masse des Atoms enthält.
ELEKTRON ~10^{-18}M
Die Elektronen, die die Hülle der Atome bilden, sind Elementarteilchen auf ähnlichen Größenordnungen wie die Quarks.

Quantenskalen

Die Quantenphysik erforscht Phänomene, die auf extrem kleinen Größenordnungen (Skalen) auftreten. Subatomare Teilchen kann man nicht direkt beobachten, aber mit Experimenten ihre Auswirkungen studieren.

PLANCK-LÄNGE
10^{-35}M

Dies ist die kleinste Länge, die in den heutigen physikalischen Theorien möglich ist. Auf Größenordnungen unter der Planck-Länge versagen die heutigen Theorien und können keine sinnvollen Vorhersagen mehr machen.

VERSCHWINDEND KLEIN

Zwar haben die größten Atome etwa einen halben Nanometer (milliardstel Meter) Durchmesser (weniger als ein Hunderttausendstel der Dicke eines Haars), doch der größte Teil des Volumens wird von einer dünnen Elektronenwolke gefüllt, die einen kleinen, dichten Kern umgibt. Atomkerne sind typischerweise einige Femtometer (billiardstel Meter) groß und gewöhnlich treten seltsame Quanteneffekte auf diesen (oder noch kleineren) Größenordnungen auf. Die kleinste Länge, die überhaupt physikalischen Sinn ergibt, ist die Planck-Länge (siehe S. 140–141).

KUGELMODELL

1803 veröffentlichte John Dalton die Theorie, dass alle Materie aus Atomen besteht – unteilbaren Kugeln, die weder geschaffen noch vernichtet werden können. Atome verbinden sich aber mit anderen Atomen und können so neue Stoffe bilden.

ROSINENKUCHENMODELL

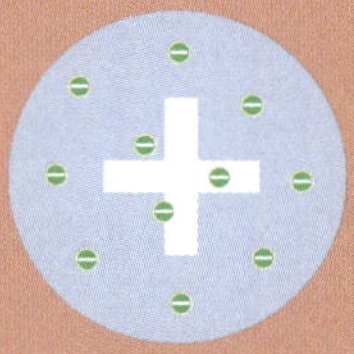

Im Modell von J. J. Thomson (1903) sind negativ geladene Elektronen zufällig in einer positiv geladenen Kugel verteilt.

RUTHERFORDSCHES MODELL

Experimente führten Ernest Rutherford 1911 zu einem Modell, bei dem die gesamte positive Ladung in einem kleinen dichten Kern konzentriert ist, um den die Elektronen kreisen – ähnlich wie Monde um einen Planeten.

BOHRSCHES MODELL

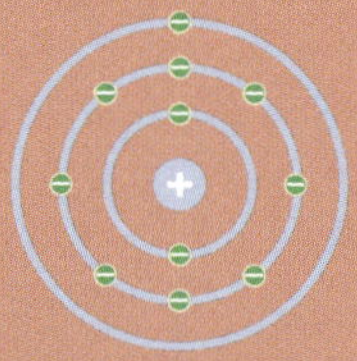

Um Lichtemission und -absorption zu erklären, können im Modell von Niels Bohr (1913) die Elektronen nur in bestimmten »Schalen« kreisen.

DREI WINZIGE TEILCHEN

Atome sind die fundamentalen Bausteine der makroskopischen Materie: Teilchen, die man früher für unteilbar hielt und die durch ihre kollektiven chemischen oder physikalischen Eigenschaften ein bestimmtes Element repräsentieren. Auf einer tieferen Ebene bestehen aber alle Atome aus Kombinationen dreier subatomarer Teilchenarten: positiv geladene Protonen und neutrale Neutronen im Kern, umgeben von einer größeren Wolke aus negativ geladenen Elektronen (siehe S. 31), die es den Atomen ermöglicht, mit anderen Atomen Bindungen einzugehen.

Elektronenwolken
In modernen Atommodellen sind die Elektronen keine festen Kugeln, die den Kern wie Planeten umkreisen. Vielmehr repräsentiert man sie als »Wolke«, in der die Wahrscheinlichkeit hoch ist, sie anzutreffen.

ANZIEHUNG
Zwischen den negativ geladenen Elektronen und den positiv geladenen Protonen im Kern wirkt eine elektromagnetische Anziehung.

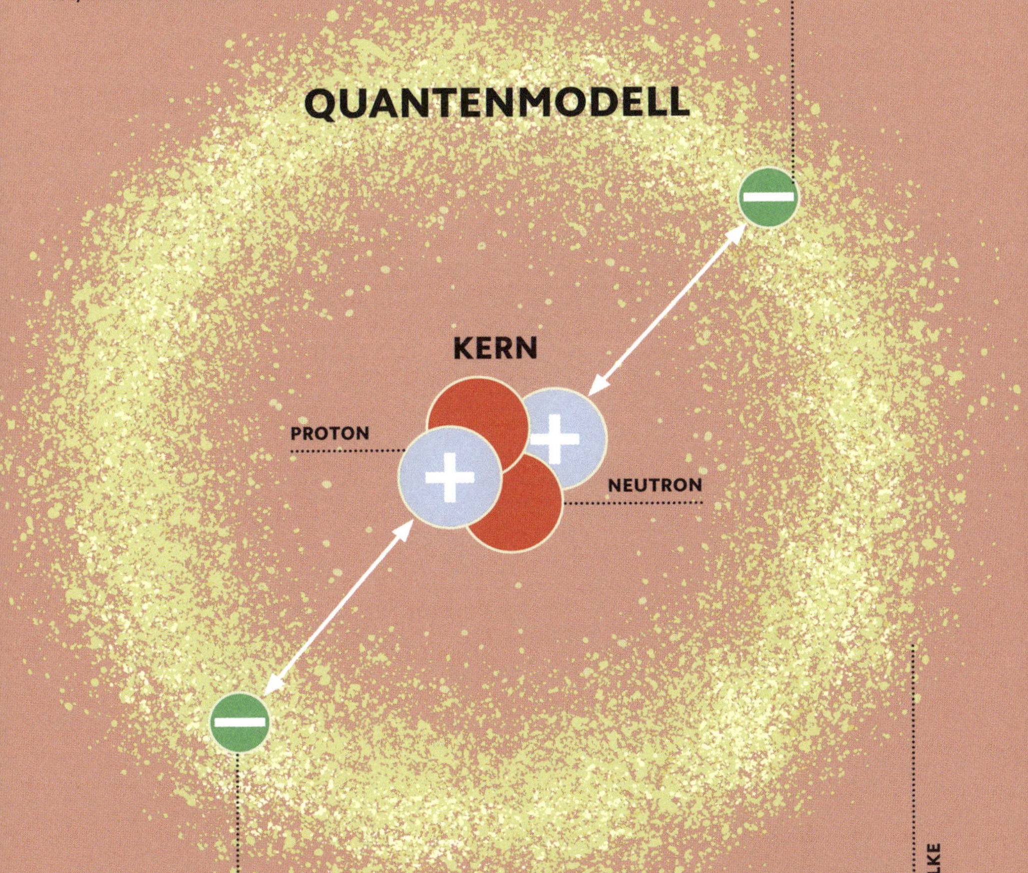

ELEKTRONEN
Neutrale Atome haben genau so viele negative Elektronen wie positive Protonen, sodass sich die Ladungen ausgleichen.

ELEKTRONENWOLKE
Wolken verschiedener Form repräsentieren Orbitale: Gebiete mit hoher Wahrscheinlichkeit, das Elektron anzutreffen.

TEILCHENZOO

Elektronen sind echte Elementarteilchen, die nicht weiter teilbar sind; sie gehören zur Familie der Leptonen. Dagegen bestehen Protonen und Neutronen je aus drei noch kleineren Teilchen, den Quarks (siehe S. 122). Teilchen, die aus Quarks zusammengesetzt sind, nennt man Hadronen. Hadronen werden weiter untergliedert in Baryonen (die aus drei Quarks bestehen) und Mesonen (die aus einem Quark-Antiquark-Paar bestehen).

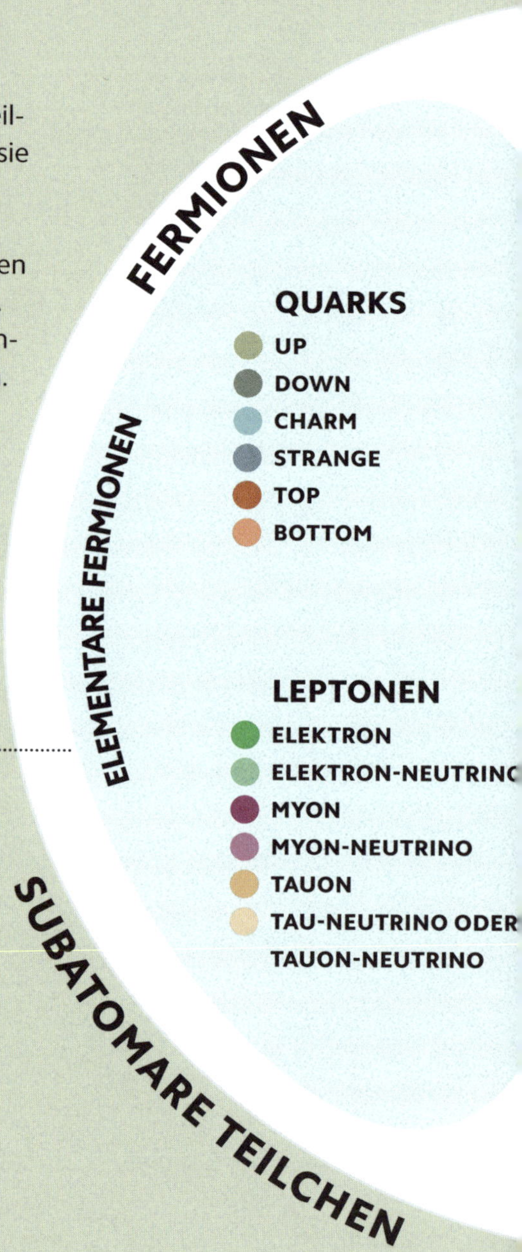

FERMIONEN

Die elementaren (unteilbaren) Teilchen, aus denen die Materie besteht, fallen in zwei Gruppen: Leptonen und Quarks. Nur wenige Arten jeder Familie kommen im heutigen Universum häufig vor.

Die subatomare Welt

Mithilfe von Teilchenbeschleunigern (siehe S. 121), die Atome aufbrechen und kurzlebige, instabile Teilchen erzeugen, haben Physiker das sogenannte Standardmodell (siehe S. 124–125) der Teilchenphysik entwickelt.

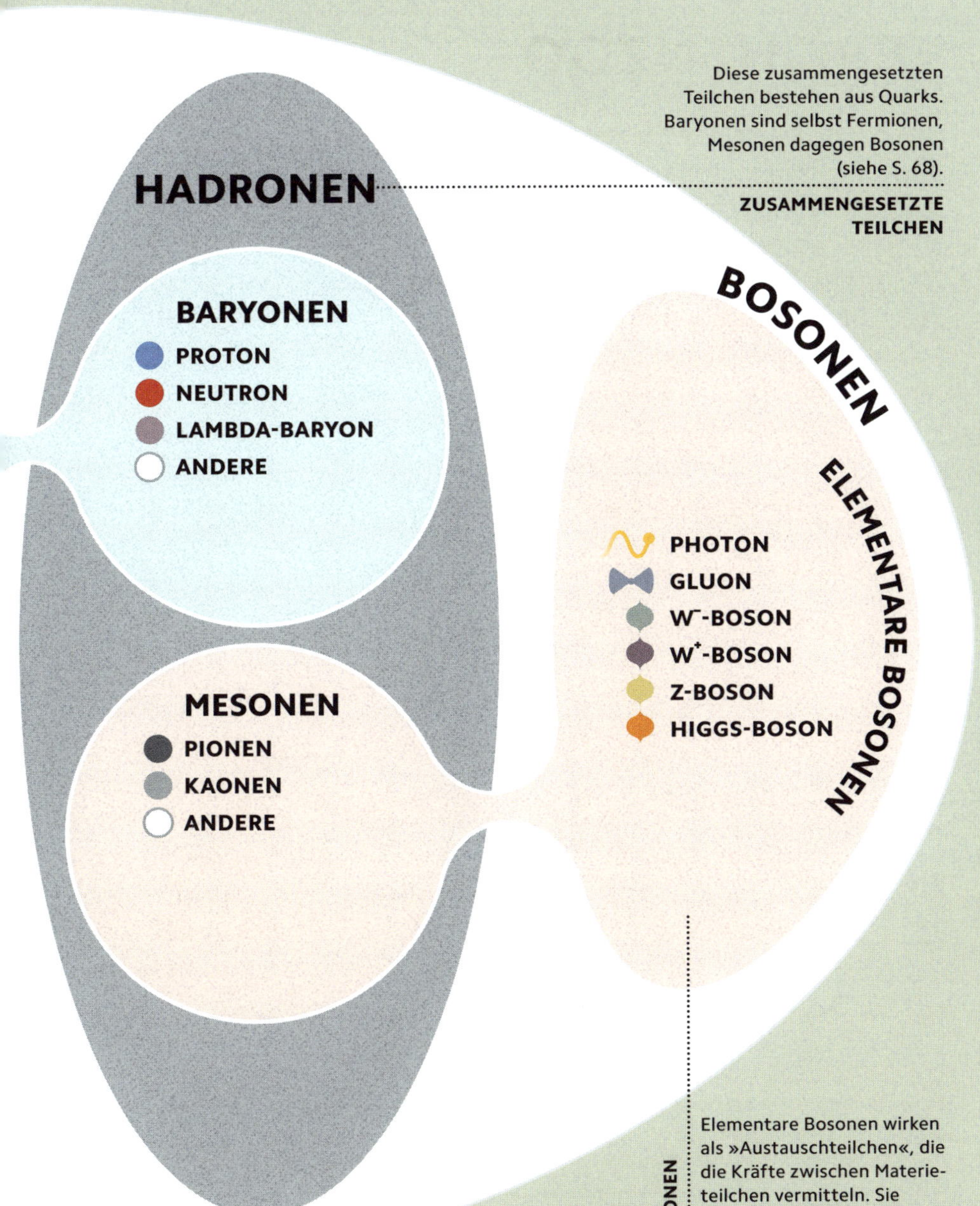

ZUSAMMENGESETZTE TEILCHEN

Diese zusammengesetzten Teilchen bestehen aus Quarks. Baryonen sind selbst Fermionen, Mesonen dagegen Bosonen (siehe S. 68).

BOSONEN

Elementare Bosonen wirken als »Austauschteilchen«, die die Kräfte zwischen Materieteilchen vermitteln. Sie verhalten sich grundlegend anders als Fermionen.

WAS IST LICHT?

Elektrisch geladene Teilchen üben Kräfte aufeinander aus, indem sie elektromagnetische Strahlung emittieren. Diese sich fortpflanzenden Wellen sind schwingende elektrische und magnetische Felder, die aufeinander senkrecht stehen, sodass Änderungen des einen Felds Änderungen des anderen erzeugen. Ihre Eigenschaften hängen von der Schwingungsfrequenz ab. Daher unterteilt man sie in mehrere Strahlungsarten wie Röntgenstrahlen, Licht oder Radiowellen.

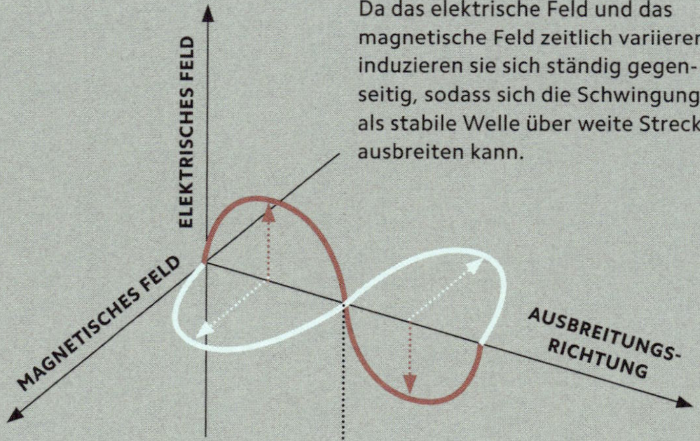

Wellen als gekoppelte Felder
Da das elektrische Feld und das magnetische Feld zeitlich variieren, induzieren sie sich ständig gegenseitig, sodass sich die Schwingung als stabile Welle über weite Strecken ausbreiten kann.

SCHWINGENDE FELDER Licht besteht aus gekoppelten elektrischen und magnetischen Feldern, die senkrecht zueinander und zu ihrer Ausbreitungsrichtung sind.

DAS SPEKTRUM Man klassifiziert elektromagnetische Wellen nach ihrer Frequenz (bzw. der damit verknüpften Wellenlänge), von langwelligen niederfrequenten Radiowellen über Mikrowellen, Infrarot, sichtbarem Licht und Ultraviolett (UV) bis hin zu den kurzwelligen hochfrequenten Röntgen- und Gammastrahlen.

ELEKTROMAGNETISCHES SPEKTRUM

QUANTEN-KONSTANTE

Im Bereich einzelner Atome oder subatomarer Teilchen emittiert und absorbiert geladene Materie elektromagnetische Strahlung als Photonen. Das sind die »Quanten« des elektromagnetischen Felds, also winzige »Pakete« von Energie, die jeweils nur als Ganzes erzeugt oder vernichtet werden. Die Energie eines einzelnen Photons lässt sich einfach aus der Frequenz des elektromagnetischen Felds und einer Konstante, dem Planckschen Wirkungsquantum, berechnen.

ENERGIE DES PHOTONS: Die Energie eines einzelnen Photons ist umso größer, je größer die Frequenz bzw. je kleiner die Wellenlänge der Strahlung ist.

FREQUENZ: Die Frequenz des Photons ist die Zahl der Wellenberge, die pro Sekunde einen Punkt passieren, wenn die elektromagnetische Welle kontinuierlich wäre. Man schreibt sie mit dem kleinen griechischen Buchstaben Ny (ν).

$$E = h\nu$$

PLANCKSCHES WIRKUNGSQUANTUM: Die fundamentale Naturkonstante definiert das Verhältnis von Energie und Frequenz (bzw. Wellenlänge) eines Photons. Sie impliziert, dass Energie nur in Quanten (diskreten Paketen) abgegeben wird.

$$h = 6{,}62607015 \cdot 10^{-34}$$ JOULE-SEKUNDEN

PLANCKSCHES WIRKUNGSQUANTUM (PLANCK-KONSTANTE)

SCHWINGUNGEN IM RAUM

Wellenverhalten ist nicht nur für elektromagnetische Strahlung (siehe S. 14) grundlegend, sondern für das Quantenverhalten aller Teilchen. Anders als (klassische) Teilchen durchdringen sich Wellen gegenseitig und überlagern sich, sodass ihre Stärke an einigen Orten zu- und an anderen abnimmt; diesen Effekt nennt man Interferenz. Sie können auch in den »Schatten« hinter Barrieren eindringen: Sie werden gebeugt. Treffen sie auf eine Grenze zwischen verschiedenen Medien, werden Wellen reflektiert (zurückgeworfen) oder gebrochen, das heißt, sie dringen in das Medium vor ihnen ein, wobei sich ihre Ausbreitungsrichtung ändert.

ENERGIETRANSPORT

Wellen sind räumlich ausgedehnte Schwingungen um einen bestimmten Ruhezustand. Dabei transportieren Wellen Energie, aber keine Materie von einem Ort zum anderen.

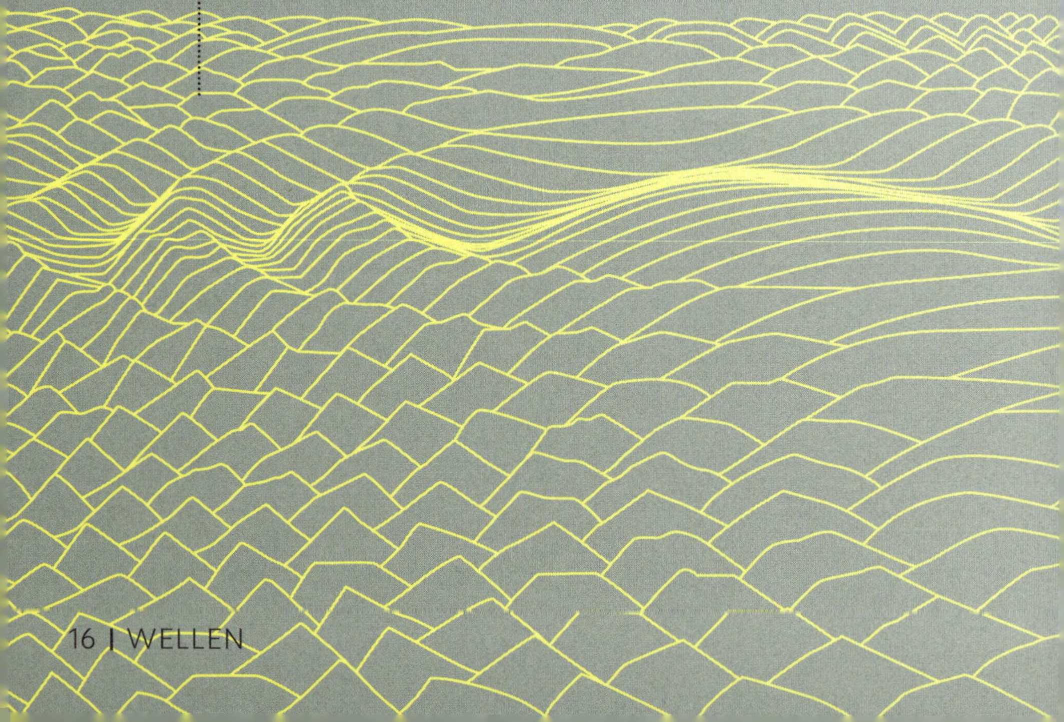

AMPLITUDE

Die Amplitude einer Welle ist die maximale Auslenkung, wie stark sich also ein Teilchen bzw. Feld an einem Ort von seinem Ruhezustand entfernt.

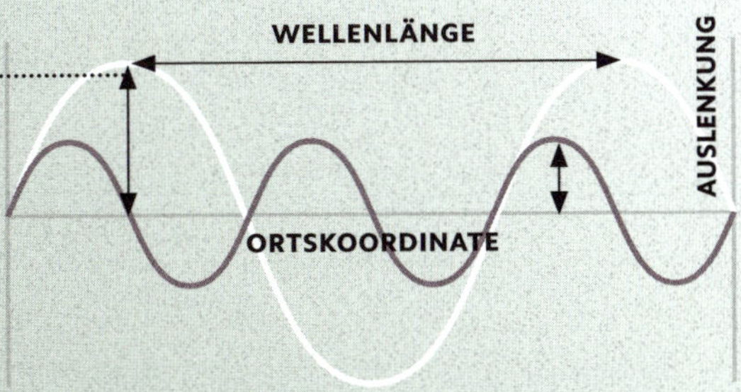

Wellengrößen

Die Frequenz der Welle ist die Zahl der Schwingungen an einem Ort pro Sekunde, während die Wellenlänge der Abstand ist, über den sich eine vollständige Schwingung erstreckt.

Interferenz

Wenn sich zwei Wellen gleicher Frequenz so überlagern, dass die Wellenberge zusammenfallen, bilden sie eine Welle mit größerer Amplitude; das nennt man konstruktive Interferenz. Bei destruktiver Interferenz löschen die Täler der einen Welle die Berge der anderen ganz oder teilweise aus.

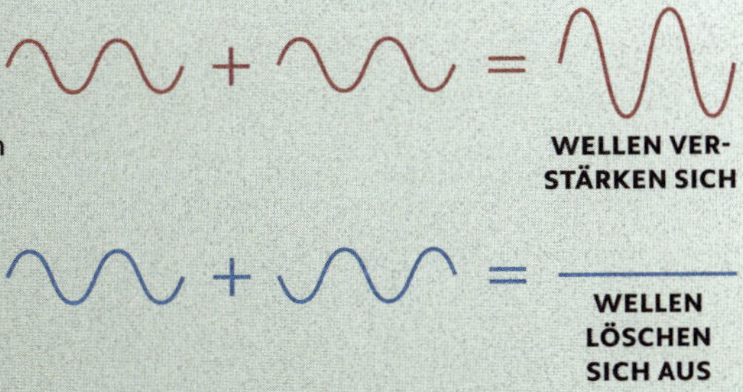

WELLE ODER TEILCHEN

Auf Quantenskalen wird der Unterschied zwischen Teilchen und Wellen (siehe S. 16–17) verschwommen – mit seltsamen Folgen. Man kann Experimente machen, die einzelne teilchenartige Energiepakete nachweisen, etwa Photonen, die Quanten der elektromagnetischen Strahlung (siehe S. 14), aber gleichzeitig ihr wellenartiges Verhalten zeigen. Photonen kommen einzeln in einem Detektor hinter einem Schirm mit zwei dünnen Schlitzen an, aber das Muster, das sie gemeinsam bilden, lässt sich nur so erklären, dass der Ort der Photonen durch eine wellenartige Interferenz (siehe S. 16–17) bestimmt wird.

Doppelspaltexperiment
Um das Jahr 1800 erwies ein berühmter Versuch die Wellennatur des Lichts. Er ist geeignet, auch das Wellenverhalten von Teilchen wie Elektronen zu zeigen.

ELEKTRONEN-QUELLE
Eine Elektronenkanone erzeugt einen Strahl von Elektronen. Jedes Teilchen lässt sich als wandernde Welle beschreiben. Die Wellenfunktionen der Elektronen interferieren mit sich selbst und ergeben eine Wahrscheinlichkeitsverteilung.

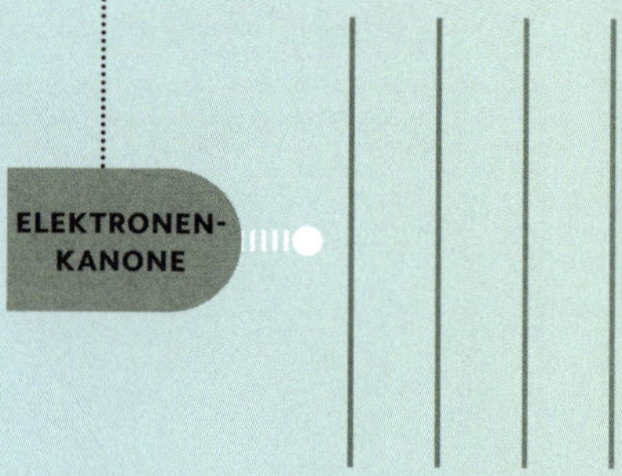

Folgen des Messprozesses
Einer der seltsamsten Aspekte der Quantenphysik ist, dass das Wellen- bzw. Teilchenverhalten durch die Art des Messvorgangs bestimmt wird.

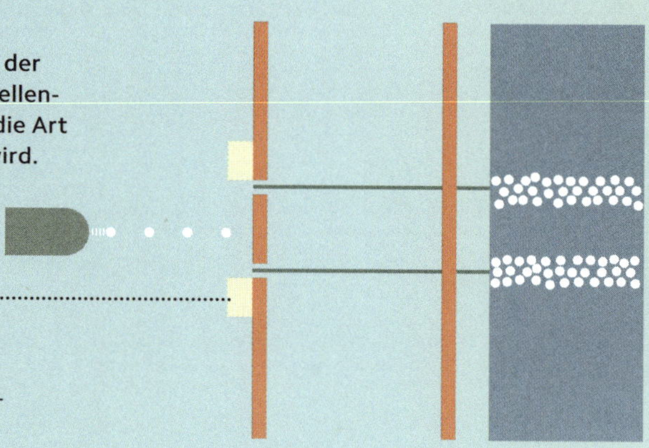

TEILCHEN-DETEKTOR
Wenn wir messen, durch welchen Schlitz jedes Photon bzw. Elektron läuft, dann verhält es sich als Teilchen an diesem Schlitz und das wellenartige Verhalten verschwindet.

BEUGUNG DER WELLEN

Beim Durchlaufen von zwei dünnen, eng liegenden Spalten werden die Elektronenwellen gebeugt. Die gebeugten Wellen überlagern sich und interferieren.

VERTEILUNG

Diese Kurve zeigt die Wahrscheinlichkeit dafür, dass ein Elektron an der jeweiligen Stelle auf den Schirm trifft.

INTERFERENZMUSTER

Ein Schirm, dessen Material Elektronen nachweist, zeigt ein kompliziertes Interferenzmuster aus hellen und dunklen Streifen.

Kernkraft
Die starke Kraft bindet Quarks (und dann weiter die Protonen und Neutronen) aneinander, wobei sie deren elektromagnetische Abstoßung überwindet.

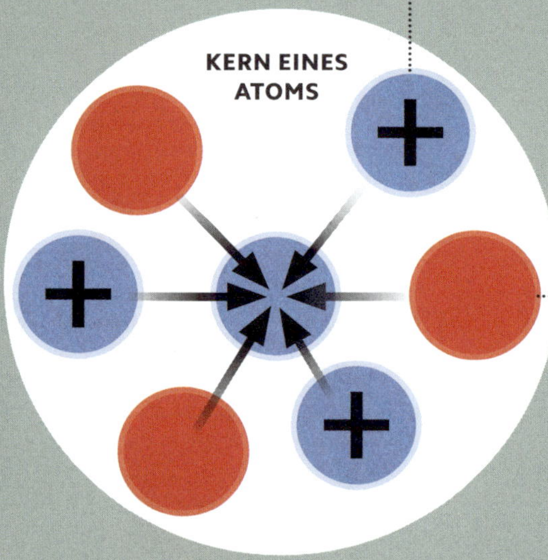

ZUSAMMENHALT

Vier Grundkräfte oder fundamentale Wechselwirkungen wirken zwischen den Materieteilchen im Universum, und jede unterliegt in gewissem Ausmaß der Quantenphysik. Die stärkste dieser Kräfte, die starke Wechselwirkung, wirkt nur über winzige Abstände von Billiardstel Metern. Sie bindet Quarks zu Protonen und Neutronen und sie wirkt als die Kernkraft, die diese Kernteilchen weiter zu Atomkernen verbindet. Die Träger der starken Kraft sind Teilchen, die man Gluonen nennt.

Schwache Kraft
Die schwache Kraft ruft einige Arten von radioaktivem Zerfall hervor: die, bei denen sich Teilchen in andere umwandeln. Die Träger der schwachen Kraft sind die W- und die Z-Bosonen.

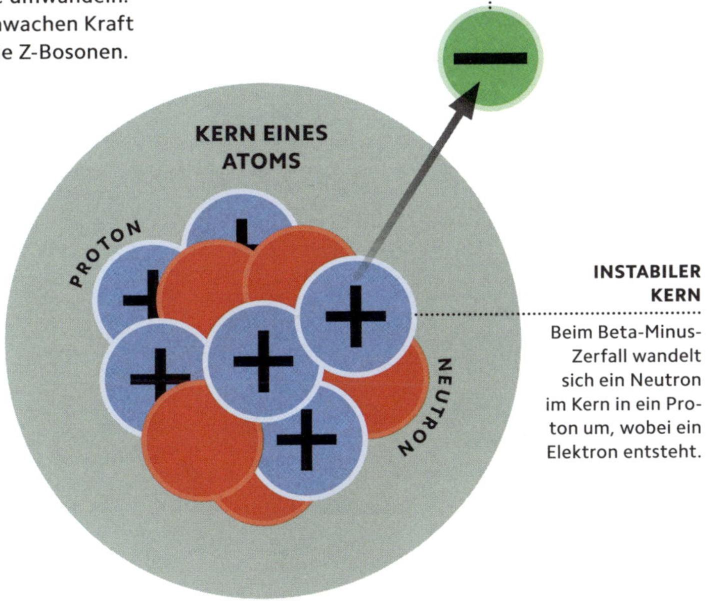

DIE KRAFT DES ZERFALLS

Die schwache Wechselwirkung ist, wie der Name sagt, schwächer als die starke und die elektromagnetische Wechselwirkung. Sie wirkt nur auf noch kleineren Skalen als die starke Kraft, sodass sie sich nur auf Abständen kleiner als der Durchmesser eines Protons bemerkbar macht. Aber die schwache Kraft ist enorm wichtig, weil sie Materieteilchen beider Typen (Quarks und Leptonen) beeinflusst. Zudem ist die schwache Wechselwirkung die einzige Grundkraft, die eine Teilchensorte in eine andere umwandeln kann.

Unendliche Reichweite
In den Atomen liefert die elektromagnetische Wechselwirkung die anziehende Kraft zwischen Protonen und Elektronen. Die Trägerteilchen der elektromagnetischen Felder sind masselose Teilchen, die Photonen (siehe S. 14).

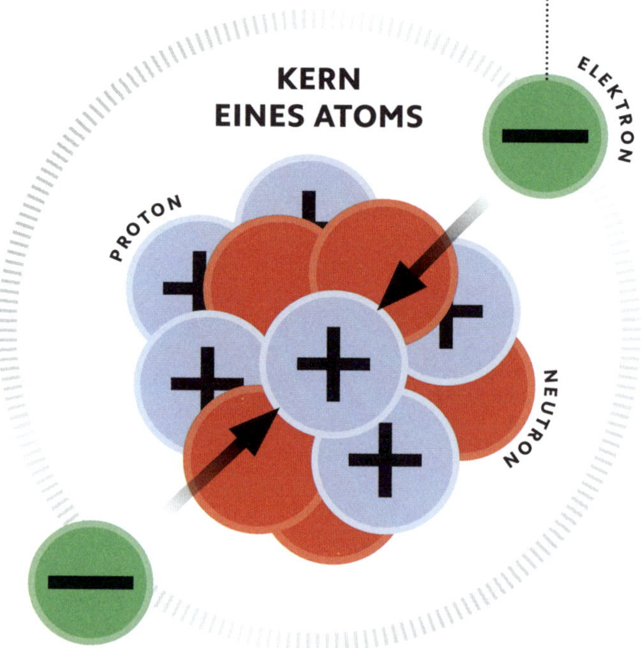

GEGENSÄTZE ZIEHEN SICH AN

Durch die elektromagnetische Wechselwirkung ziehen sich Teilchen mit ungleichnamigen Ladungen an und gleichnamig geladene stoßen sich ab. Diese Kraft hat eine unendlich große Reichweite, wobei ihre Stärke mit dem Abstand abnimmt. Elektromagnetische Felder halten nicht nur Atome zusammen, sondern breiten sich auch als Licht über weite Entfernungen im Kosmos aus.

ALLES FÄLLT

Die Schwerkraft (Gravitation) ist eine anziehende Kraft zwischen Objekten mit Masse. Sie ist extrem schwach und nur bei sehr großen Massen bemerkbar, hat aber (wie die elektromagnetische Wechselwirkung) eine unendliche Reichweite. Das beste Erklärungsmodell ist Einsteins Allgemeine Relativitätstheorie. Sie scheint jedoch völlig getrennt von der Quantenphysik zu sein. Die Gravitation auf der Teilchenebene zu verstehen, wirft viele Fragen auf (siehe S. 136–145).

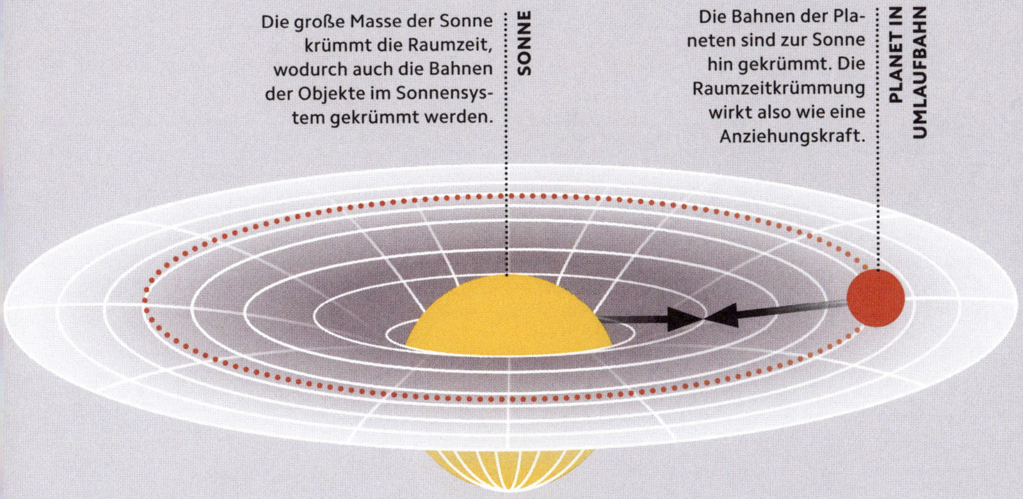

Raumzeit
Einstein beschrieb die drei Dimensionen des Raums mit der Zeit als vierdimensionales System, die Raumzeit. Nach der Allgemeinen Relativitätstheorie ist die Schwerkraft eine Folge der Krümmung der Raumzeit durch massereiche Objekte.

KLASSISCHE PHYSIKRÄTSEL

S C H E

Die Quantenphysik begann als der Versuch, eine Anzahl von Rätseln in der Physik des frühen 20. Jahrhunderts zu erklären, die anscheinend wenig miteinander zu tun hatten. Es ging um die Natur des Lichts, das von erhitzten Gegenständen bei verschiedenen Temperaturen emittiert wird, um den inneren Aufbau der Atome sowie um die Wechselwirkungen zwischen Licht und Materie. Zusammen führten sie zu der Erkenntnis, dass elektromagnetische Strahlung in kleinen, diskreten Energiepaketen, die man Quanten nannte, übertragen wird. Das deutete auf tiefere Mysterien im Verhalten subatomarer Teilchen hin.

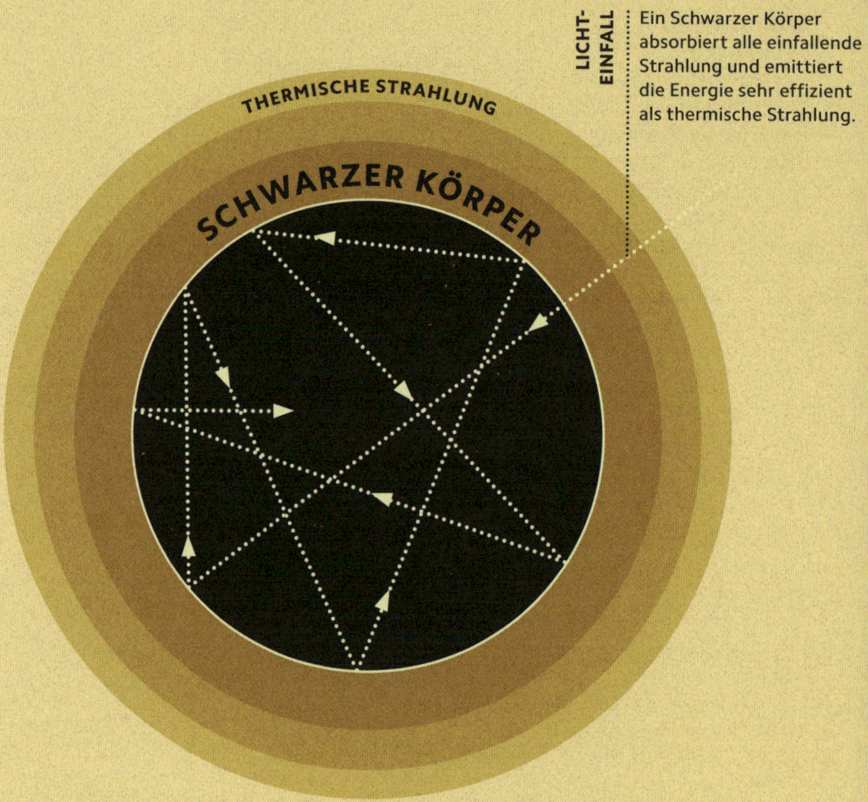

IDEALE STRAHLER

Um zu verstehen, wie Objekte elektromagnetische Strahlung aussenden, denken sich Forscher einen idealen Körper, einen sogenannten Schwarzen Körper oder Schwarzen Strahler. Alle Körper mit Temperaturen über dem absoluten Nullpunkt emittieren Strahlung. Da aber die meisten auch Strahlung aus der Umgebung reflektieren, ist die Emission schwer zu messen. Ein Schwarzer Körper hat eine tiefschwarze, nicht reflektierende Oberfläche, sodass die Strahlung nur von seiner Temperatur abhängt.

Strahlungs-spektrum
Das Rayleigh-Jeans-Gesetz beschreibt die tatsächliche Strahlung nur bei den größten Wellenlängen richtig, ergibt aber unendlich große Energie bei kleinen Wellenlängen.

Experimente zeigen, dass Schwarze Körper beim Erwärmen immer mehr Strahlung abgeben, wobei das Intensitätsmaximum zu immer kürzeren Wellenlängen wandert. Kühle Objekte (dunkelblaue Kurve) emittieren langwelliges Infrarot, doch beim Erhitzen glühen sie zuerst rot und dann weiß und geben kurzwelligeres Ultraviolett (UV) ab (hellblaue Kurve). Eine Gleichung, das Rayleigh-Jeans-Gesetz (graue Kurve), lieferte das richtige Spektrum im langwelligen Bereich, ergab aber auch, dass die Emission bei kürzeren Wellenlängen exponentiell ansteigt und unendlich wird. Dieses Problem nannte man UV-Katastrophe.

ENERGIEPAKETE

Im Jahr 1900 fand Max Planck einen Weg, die UV-Katastrophe (siehe S. 27) zu vermeiden und die Schwarzkörperstrahlung (siehe S. 26) theoretisch so zu beschreiben, dass die Berechnung mit den tatsächlichen Messungen übereinstimmte. Was wäre, überlegte er, wenn die Energie nicht kontinuierlich, sondern in Form kleiner, diskreter Pakete mit jeweils fester Wellenlänge abgegeben wird? Planck nannte diese Pakete Lichtquanten und nahm an, dass ihre Bildung etwas mit dem Emissionsvorgang zu tun hatte, aber nicht ein Merkmal des Lichts selbst war (siehe S. 14).

Klassische Physik
In der Vor-Quanten-Sicht variieren die Eigenschaften von Teilchen, etwa ihr Energiegehalt, kontinuierlich und können jeden Wert annehmen.

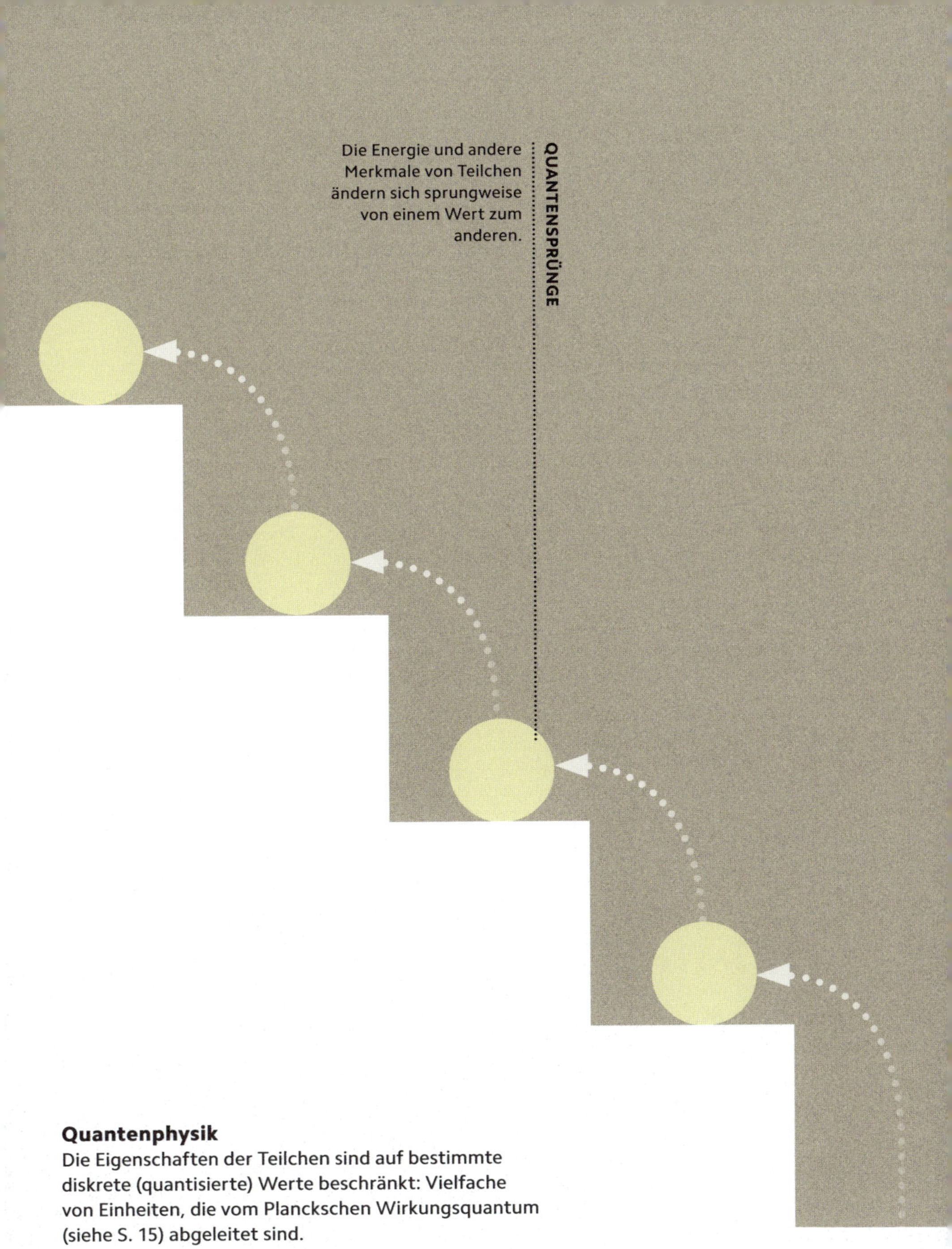

Quantenphysik
Die Eigenschaften der Teilchen sind auf bestimmte diskrete (quantisierte) Werte beschränkt: Vielfache von Einheiten, die vom Planckschen Wirkungsquantum (siehe S. 15) abgeleitet sind.

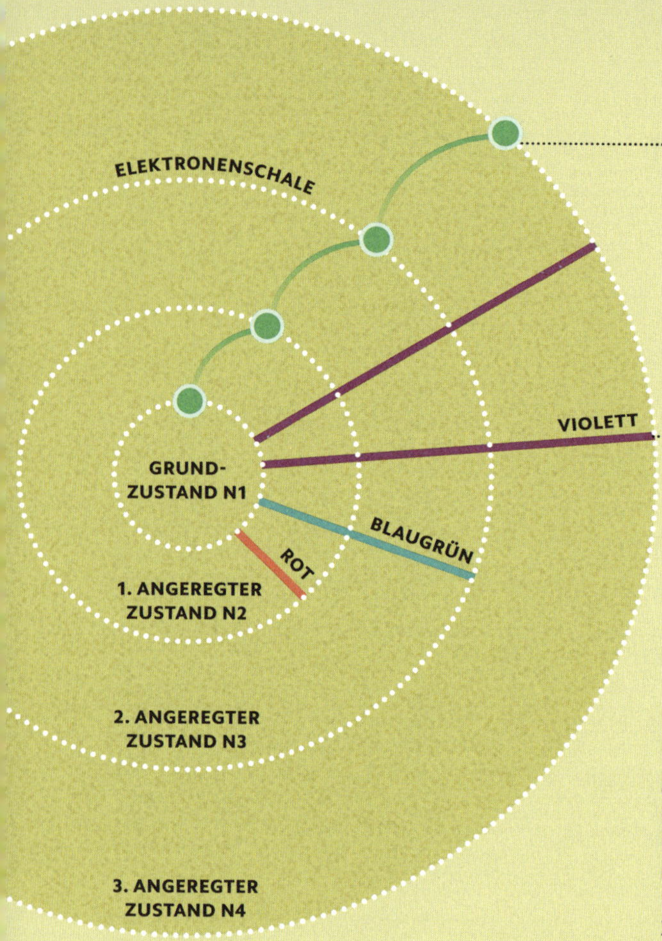

STIMULIERTE EMISSION

Elektronen können durch ein hochenergetisches Photon auf einen hohen Energiezustand angeregt werden und kehren kaskadenartig zum Grundzustand zurück, wobei sie mehrere Photonen niedriger Energie abgeben.

FARBE UND ENERGIE

Verschiedene Übergänge führen zur Absorption bzw. Emission von Photonen verschiedener Wellenlänge – je größer der Energieunterschied der Zustände, desto kurzwelliger (blauer) ist das Photon.

Energieschalen

Elektronen können zwischen den Energiezuständen wechseln, indem sie Photonen der richtigen Energie abgeben bzw. aufnehmen. Der Zustand niedrigster Energie heißt Grundzustand; Zustände höherer Energie nennt man »angeregt«.

ENERGIEZUSTÄNDE

Im frühen 20. Jahrhundert kämpften Physiker damit zu verstehen, wie der Aufbau der Atome (siehe S. 10–11) damit zusammenhängt, wie sie Strahlung emittieren und absorbieren. 1913 schlug Niels Bohr ein Modell vor, bei dem die Elektronen in Schalen in verschiedenen Abständen zum Kern kreisten, sodass sie diskrete Energien hatten. Atome konnten Quanten elektromagnetischer Energie austauschen, deren Wellenlänge der Energie zwischen den Zuständen entsprach.

WAHRSCHEINLICHKEITS-WOLKEN

In den 1920er-Jahren erkannte man, dass Atome komplizierter als das einfache Bohrsche Modell sind. Nach dem modernen Modell besetzen Elektronen eine Reihe von Orbitalen verschiedener Form in mehreren Schalen. Da es unmöglich ist, alle Eigenschaften von Teilchen zugleich zu bestimmen (siehe S. 42–43), stellt man sich Orbitale als diffuse Regionen mit einer gewissen Elektron-Aufenthaltswahrscheinlichkeit vor – die Elektronen sind sozusagen über das ganze Orbital »verschmiert«.

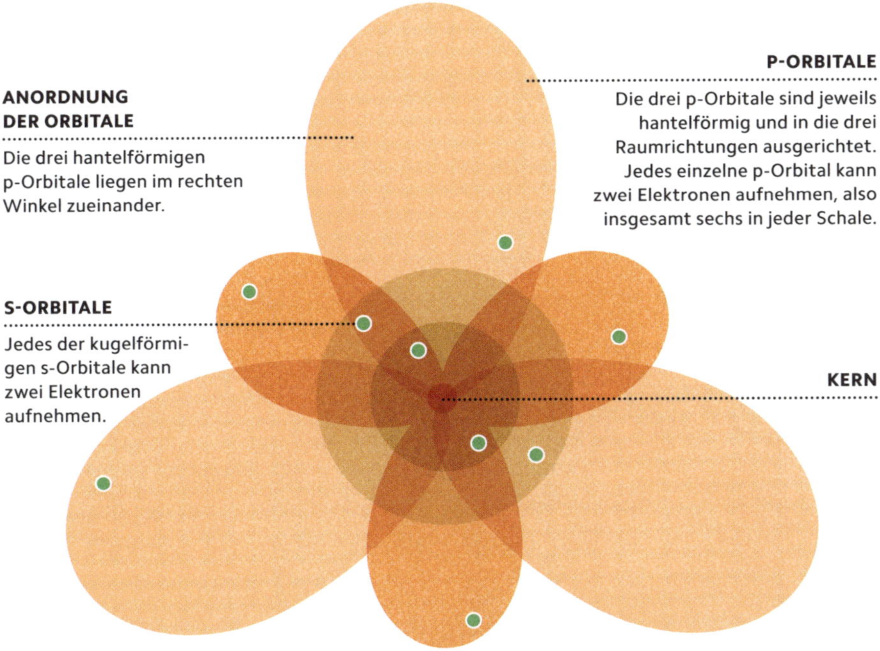

Orbitale eines Fluoratoms
Ein Fluoratom hat neun Elektronen: je zwei in den inneren beiden s-Orbitalen und fünf im ersten p-Orbital.

> Albert Einstein erhielt seinen einzigen Nobelpreis für die Erklärung des fotoelektrischen Effekts, nicht für die Relativitätstheorie.

PHOTONENENERGIE

Werden bestimmte Metalle mit Licht bestrahlt, entsteht auf ihrer Oberfläche eine elektrische Spannung. Dieses Phänomen ist der fotoelektrische Effekt. Er geschieht jedoch nur, wenn die Wellenlänge des Lichts kürzer als ein bestimmter Wert ist. Längerwelliges Licht löst ihn nicht aus, selbst wenn es extrem intensiv ist. Wie Albert Einstein 1905 zeigte, beruht der Effekt darauf, dass Elektronen von einzelnen Lichtquanten getroffen werden. Daraus folgerte er, dass jede Strahlung in Form von Quanten oder Photonen vorliegt.

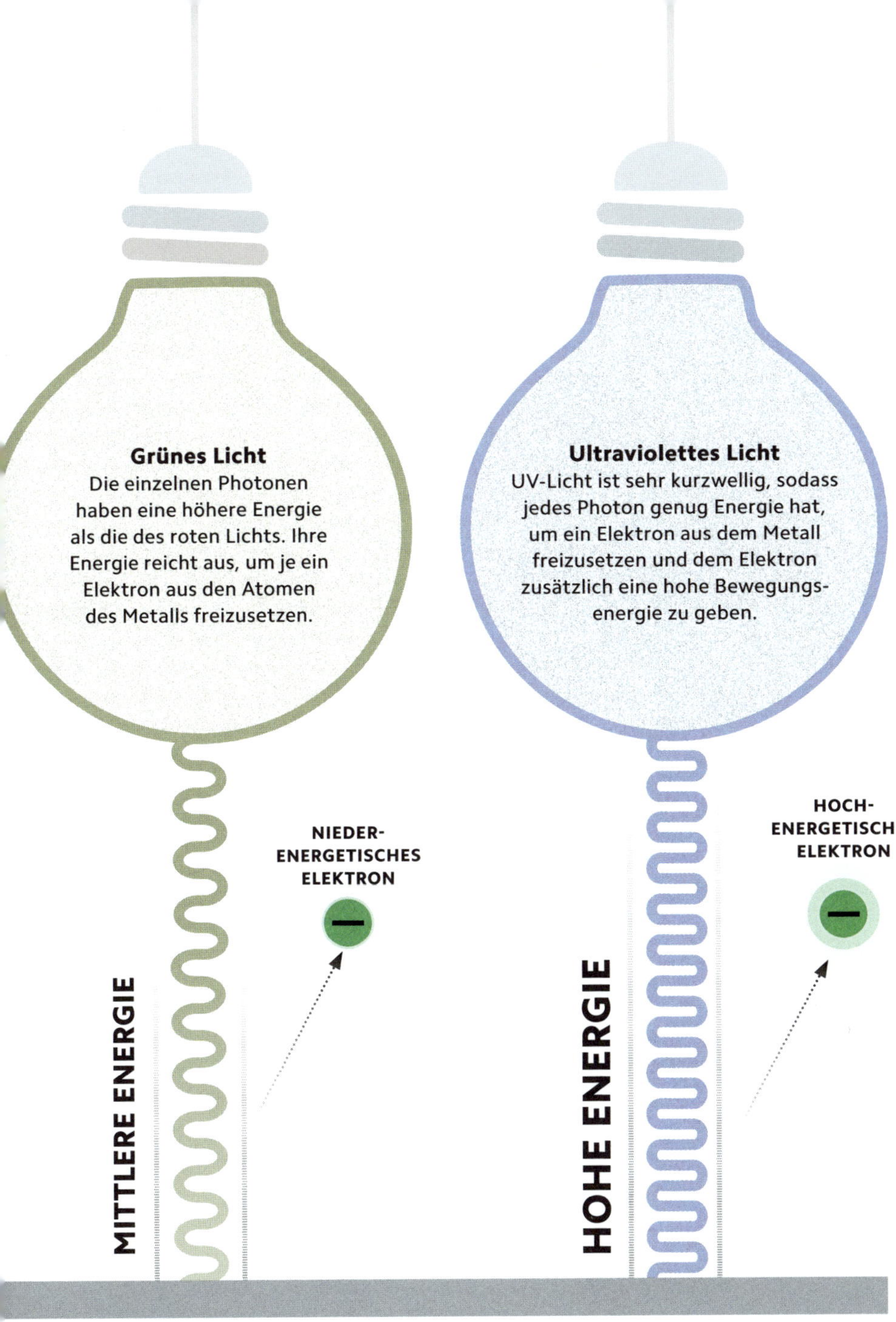
Grünes Licht
Die einzelnen Photonen haben eine höhere Energie als die des roten Lichts. Ihre Energie reicht aus, um je ein Elektron aus den Atomen des Metalls freizusetzen.
Ultraviolettes Licht
UV-Licht ist sehr kurzwellig, sodass jedes Photon genug Energie hat, um ein Elektron aus dem Metall freizusetzen und dem Elektron zusätzlich eine hohe Bewegungsenergie zu geben.
NIEDER-ENERGETISCHES ELEKTRON
HOCH-ENERGETISCHES ELEKTRON
MITTLERE ENERGIE
HOHE ENERGIE

DIE WELLE FUNKT

N -

I O N

In der klassischen Physik sind die Eigenschaften eines Systems zu jedem Zeitpunkt durch deterministische Regeln, etwa die Newtonschen Gesetze, exakt bestimmbar. Doch in der Quantenwelt entwickeln sich Systeme in gewissem Sinne auf unbestimmbare Weise. Ein Quantensystem beschreibt man mit einer mathematischen Wellenfunktion, die die Wahrscheinlichkeit dafür angibt, einen bestimmten Zustand anzutreffen. Bei Quantensystemen, die einen von mehreren Zuständen annehmen können, sagt man, sie seien in einer Superposition all dieser Zustände. Die Superposition kollabiert bei einer Messung in einen einzelnen Zustand; dies liegt der Unbestimmtheit zugrunde.

Einfache Wellenfunktion
Diese Abbildung zeigt ein Beispiel für eine Wellenfunktion eines Teilchens, das sich in einer Dimension bewegt.

QUANTEN-ZUSTÄNDE BESCHREIBEN

Quantenobjekte zeigen ein gewisses unbestimmtes Verhalten. Etwa ist es unmöglich, den Ort eines Teilchens zu einer Zeit genau vorherzusagen. Vielmehr muss man seinen Zustand mathematisch durch eine Wellenfunktion beschreiben, die in Raum und Zeit variiert. Die Wahrscheinlichkeit, das Teilchen an einem bestimmten Ort zu einer bestimmten Zeit zu finden, entspricht dem Betrag der Wellenfunktion an dieser Stelle multipliziert mit sich selbst (siehe S. 40).

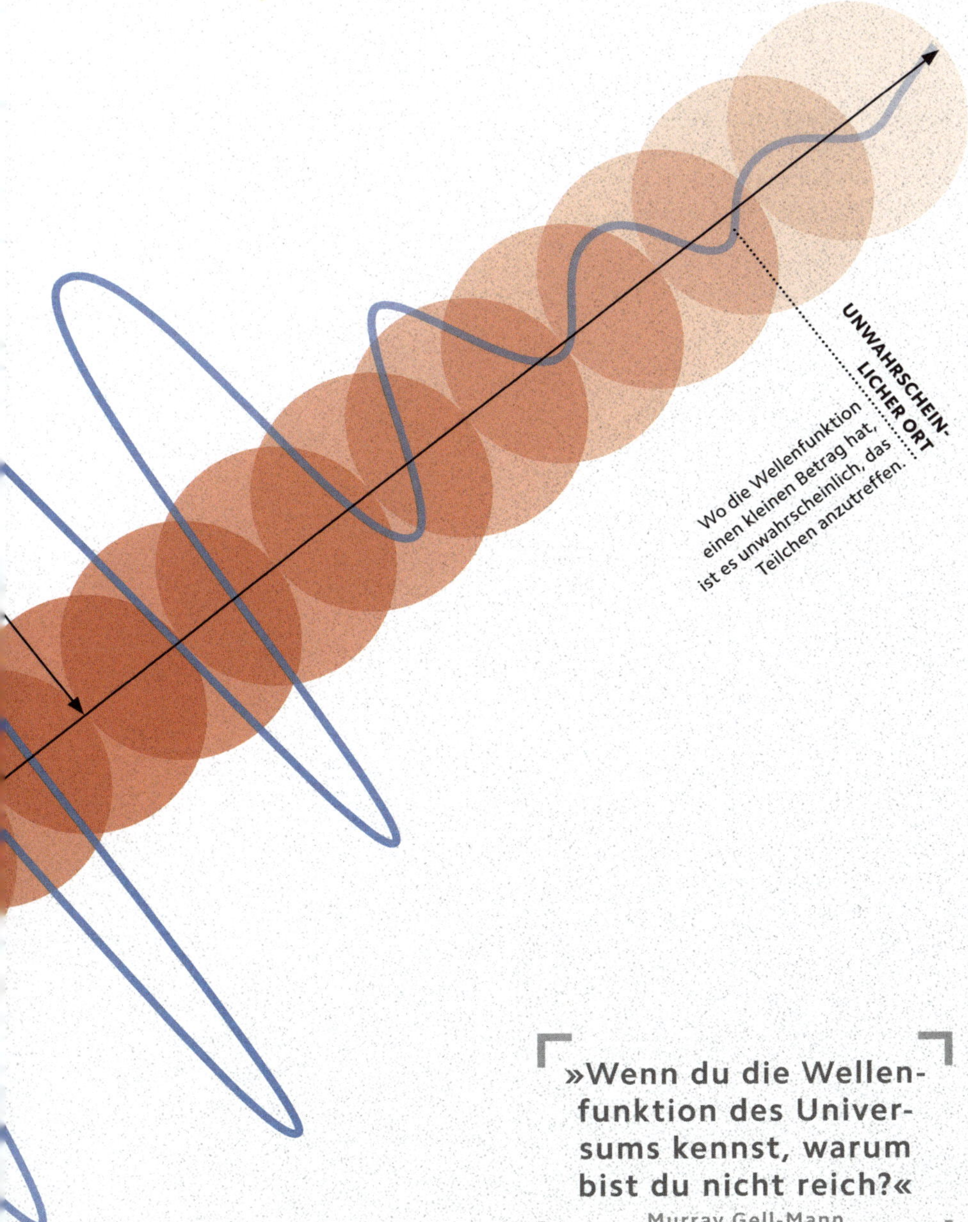

> **»Wenn du die Wellenfunktion des Universums kennst, warum bist du nicht reich?«**
> Murray Gell-Mann

»Kausalität ist auf ein System nur anwendbar, wenn es ungestört bleibt.«

Paul Dirac

SPINZUSTÄNDE

Ein Elektron kann in einer Superposition verschiedener Zustände sein, etwa Spin up und Spin down.

AN ZWEI ORTEN ZUGLEICH

In der klassischen Physik können sich Wellen überlagern und eine neue Welle ergeben (Superpositionsprinzip). Ebenso können Quantenzustände, beschrieben durch Wellenfunktionen, einen Überlagerungszustand – eine Quantensuperposition der Einzelzustände – bilden. Ein Quantensystem mit mehreren möglichen Zuständen (etwa ein Elektron mit Spin up oder Spin down, siehe S. 66) lässt sich als Superposition dieser Einzelzustände beschreiben.

Konstruktive Überlagerung
Zwei Quantenzustände können zu einem neuen zulässigen Quantenzustand addiert werden. Sind die Wellenfunktionen (wie in diesem Beispiel) gleich, verstärken sie sich bei der Superposition.

QUADRAT DER WELLE

Mit der Bornschen Regel, benannt nach dem deutschen Physiker Max Born, berechnet man die Wahrscheinlichkeit, ein Teilchen in einem bestimmten Zustand anzutreffen, aus der Wellenfunktion (siehe S. 36–37), die das System beschreibt. Für jedes abgeschlossene System ist die Wahrscheinlichkeit, ein Teilchen an einem bestimmten Ort anzutreffen, proportional zum Quadrat des Betrags der Wellenfunktion an diesem Ort. Die Wellenfunktion und damit die Wahrscheinlichkeiten hängen von der Energie des Teilchens ab (siehe S. 30).

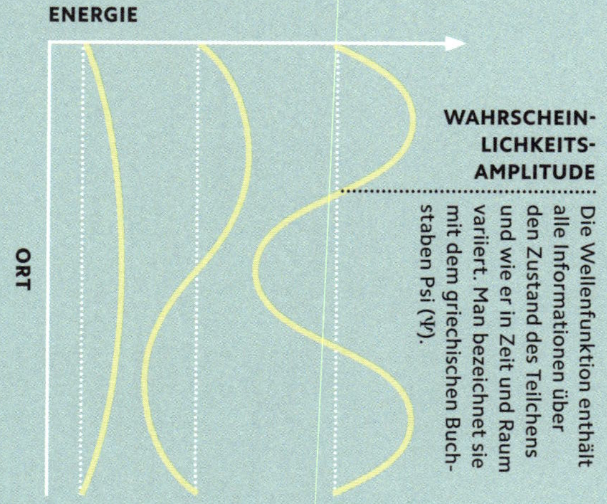

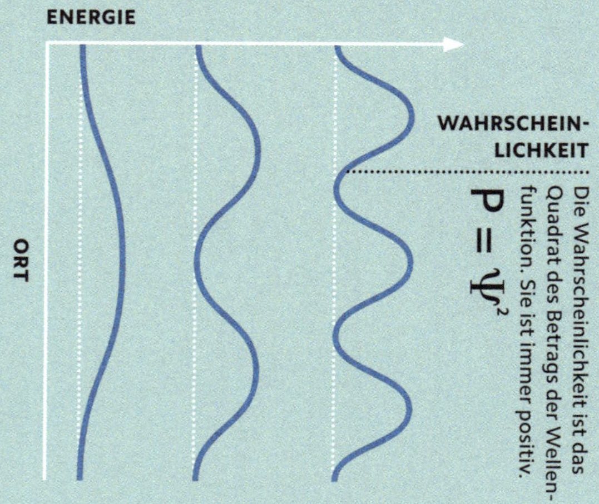

WELLEN-TRANSFORMATIONEN

Fourier-Transformationen sind mathematische Operationen, die eine Funktion als Überlagerung einfacher Wellen verschiedener Wellenlänge ausdrücken. So wechselt man zwischen mehreren Beschreibungen, etwa in der Zeit oder in der Frequenz. In der Quantenphysik wechselt man zwischen dem Ort und dem Impuls. Ein Quantenzustand, ausgedrückt als Wellenfunktion in Ortskoordinaten, lässt sich dann in eine Wellenfunktion in Impulskoordinaten umrechnen und umgekehrt.

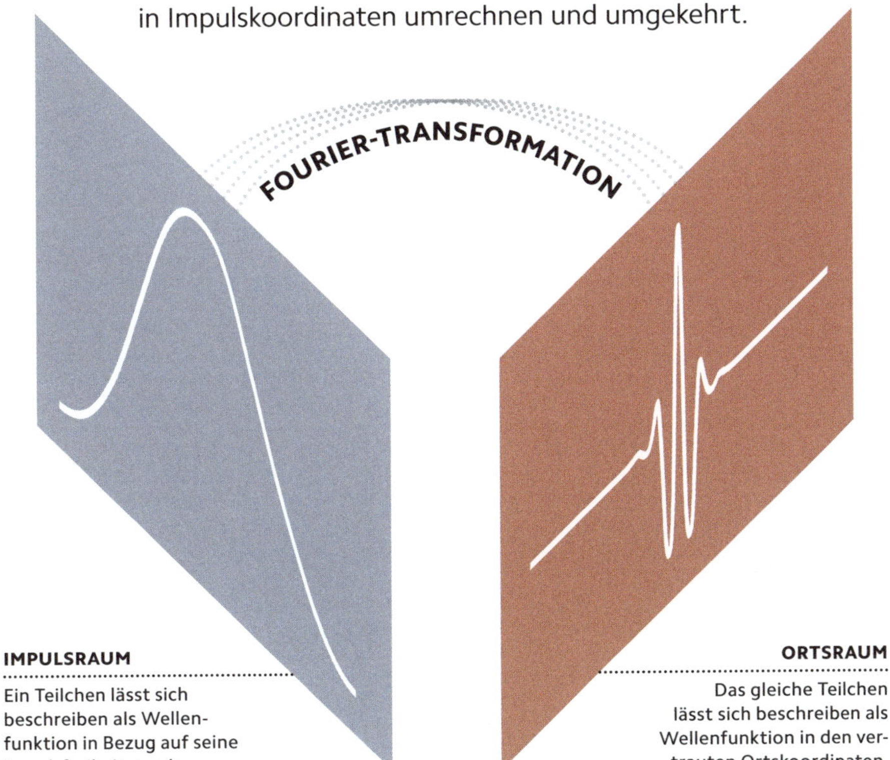

NICHT ALLES IST WISSBAR

Anders als in der klassischen Mechanik lassen sich in der Quantenwelt bei bestimmten Paaren physikalischer Messgrößen nicht beide Größen genau bestimmen. So ist es unmöglich, gleichzeitig den Ort und den Impuls (Produkt aus Masse und Geschwindigkeit) eines Teilchens genau zu kennen: Je genauer man eine der Größen bestimmt, desto weniger genau lässt sich die andere bestimmen. Dies folgt aus der Heisenbergschen Unbestimmtheitsrelation (oder Unschärferelation), benannt nach dem deutschen Physiker Werner Heisenberg, der dieses Gesetz entdeckte und eine frühe Formulierung der Quantenphysik, die Matrizenmechanik, entwickelte.

ORT

Je genauer der Ort eines Teilchens bestimmt ist, umso weniger genau kann man seinen Impuls kennen.

> **»Die Wirklichkeit, von der wir sprechen können, ist nie die Wirklichkeit an sich.«**
>
> Werner Heisenberg

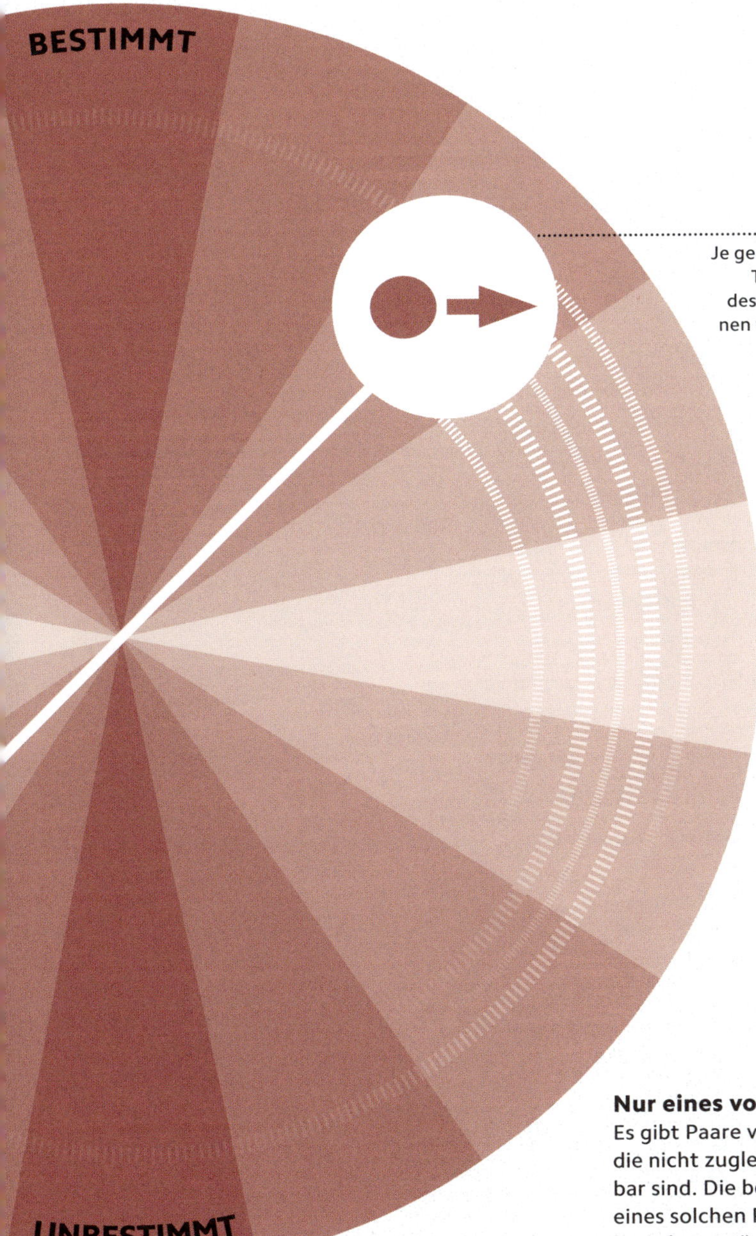

IMPULS

Je genauer der Impuls eines Teilchens bestimmt ist, desto weniger genau können wir seinen Ort kennen.

Nur eines von beiden

Es gibt Paare von Eigenschaften, die nicht zugleich genau bestimmbar sind. Die beiden Messgrößen eines solchen Paars nennt man komplementäre Observable.

$$i\hbar \frac{\partial}{\partial t}\Psi = \hat{H}\Psi$$

IMAGINÄRE EINHEIT
Die Gleichung nutzt komplexe Zahlen, die die imaginäre Einheit i enthalten, für die $i^2 = -1$ gilt.

VERÄNDERUNGS-RATE
Dieser Teil der Gleichung (die Zeitableitung) stellt die Veränderung der Wellenfunktion in Bezug auf die Zeit (t) dar.

QUANTEN-WELLENFUNKTION
Die Wellenfunktion wird durch den griechischen Buchstaben Psi repräsentiert.

PLANCKSCHES WIRKUNGSQUANTUM
Das reduzierte Plancksche Wirkungsquantum ($\hbar = h/2\pi$, sprich: »h quer«) ist bei Quantengrößen wie Spin, Impuls, Energie, Raum und Zeit von Bedeutung (siehe auch S. 15).

HAMILTON-OPERATOR
Der Hamilton-Operator ist eine Funktion, die, angewandt auf die Wellenfunktion, die Summe der kinetischen und potenziellen Energien aller Teilchen repräsentiert, die von der Wellenfunktion beschrieben werden.

Zeitabhängigkeit
Die Schrödinger-Gleichung lässt sich in vielen verschiedenen Formen schreiben. Die hier gezeigte zeitabhängige Gleichung beschreibt, wie sich ein System im Lauf der Zeit entwickelt.

ENTWICKLUNG IN DER ZEIT

Die Schrödinger-Gleichung bestimmt die Zeitentwicklung einer Wellenfunktion (siehe S. 36–37), also die zukünftige Entwicklung des Systems von Zuständen, die sie beschreibt. Man kann sie das Quantenäquivalent der Newtonschen Bewegungsgleichungen nennen, die die Veränderungen eines klassischen Systems beschreiben. Die Zeitentwicklung aller Quantengrößen ist nicht genau bestimmbar, aber die Gleichung gibt die Wahrscheinlichkeit an, das System zu einer zukünftigen Zeit in einem bestimmten Zustand zu finden.

»Woher haben wir das [die Schrödinger-Gleichung]? Nirgendwoher. Es ist nicht möglich, dies aus irgendetwas Bekanntem herzuleiten. Es kam aus dem Geist Schrödingers.«

Richard Feynman

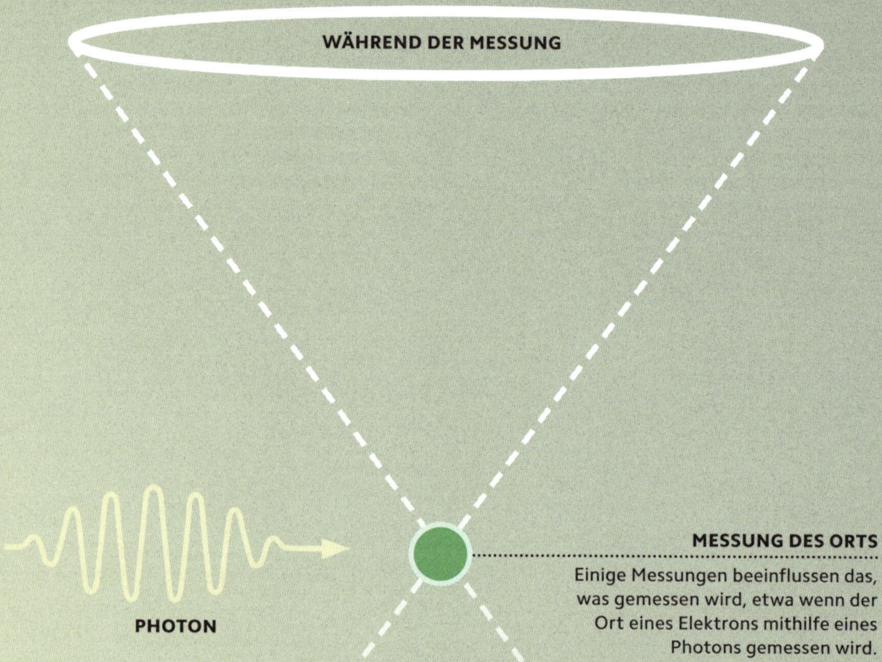

WAS IST EINE MESSUNG?

Die Schrödinger-Gleichung (siehe S. 44–45) zeigt die Zeitentwicklung einer Wellenfunktion, also der Wahrscheinlichkeit, ein System in den Zuständen einer Superposition zu finden – aber wenn man das System misst, befindet es sich stets in einem einzelnen Zustand. Man kann nie die Wellenfunktion beobachten und voraussagen, welcher dieser Zustände bei der Messung auftritt. Dieses Rätsel führt zu mehreren Interpretationen der Quantenphysik.

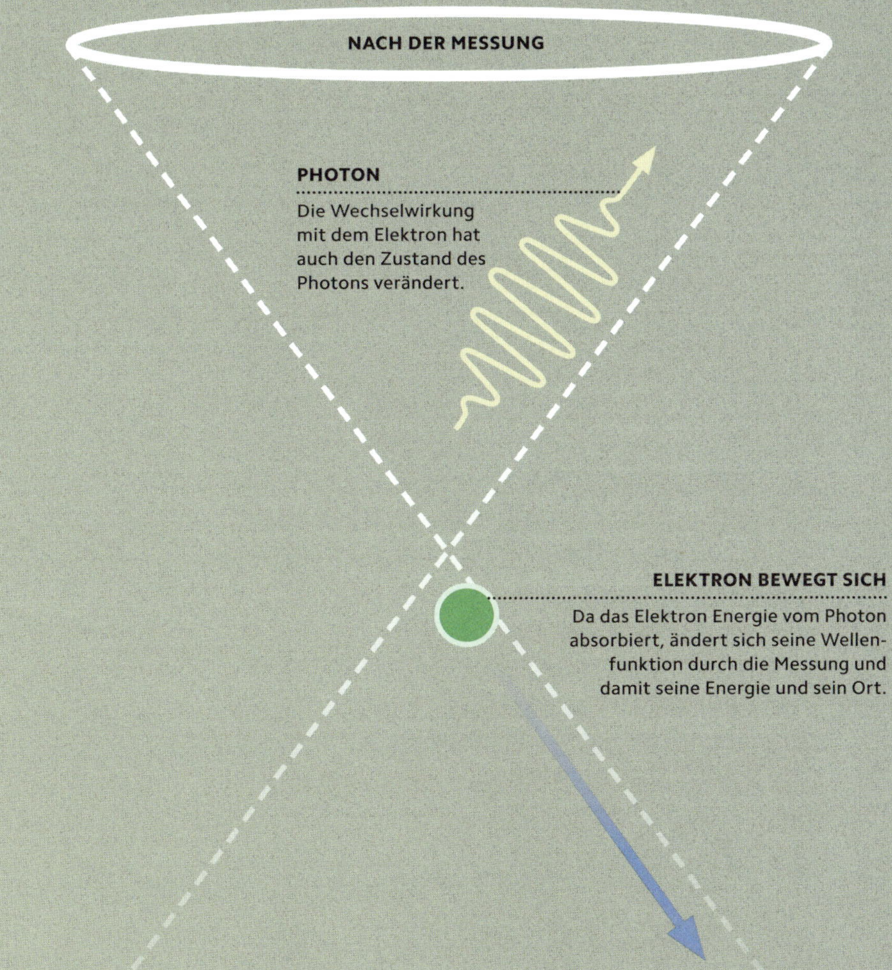

»Die Probleme der Messung … bestehen in der Frage, wo die Messung anfängt und aufhört und wo der Beobachter beginnt und aufhört.«

John Stewart Bell

PLÖTZLICHER KOLLAPS

Wird ein Quantensystem gemessen, dann wird die Wellenfunktion (siehe S. 36–37), die die Superposition von Zuständen repräsentiert und deren jeweilige Wahrscheinlichkeit angibt, auf die Wellenfunktion eines einzelnen definitiven Zustands reduziert; man sagt, sie kollabiert. Die Zeitentwicklung der Wellenfunktion wird von der Schrödinger-Gleichung (siehe S. 44–45) beschrieben, und der Kollaps der Wellenfunktion hinterlässt nur einen einzigen möglichen Zustand.

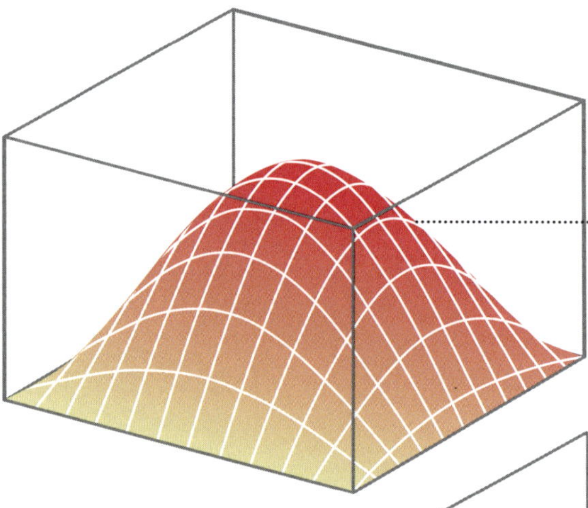

VOR DER MESSUNG

Eine Superposition von Zuständen entwickelt sich in der Zeit. Diese Grafik zeigt die Wahrscheinlichkeit, ein Teilchen an verschiedenen Orten in einem Kasten zu finden.

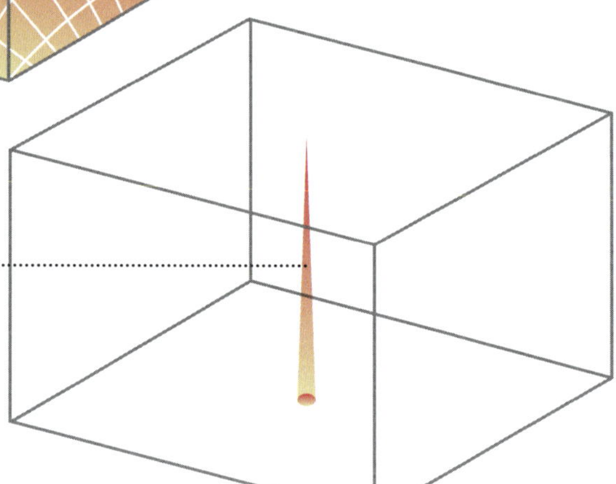

NACH DER MESSUNG

Im Moment des Messprozesses wird die Superposition von Zuständen auf einen einzelnen definitiven Zustand reduziert. In diesem Beispiel wird der Ort des Teilchens im Kasten bestimmt.

RADIOAKTIVER ZERFALL
Die zufällige, unvorhersagbare Natur des radioaktiven Zerfalls bedeutet, dass es bis zu dem Moment der Beobachtung unsicher ist, ob das Gift freigesetzt wurde oder nicht.

UNBESTIMMTE KATZE
Ohne in den Kasten hineinzuschauen, ist es unmöglich zu wissen, ob die Katze tot oder lebendig ist, und man kann sie sich in einer Superposition der Zustände »tot« und »lebendig« denken.

PARADOXON IM KASTEN

Das Rätsel, was beim Kollaps der Wellenfunktion geschieht, inspirierte ein berühmtes Gedankenexperiment: »Schrödingers Katze«. Man stelle sich eine Katze in einem Kasten vor, die jederzeit durch Gift sterben kann, das ein radioaktiver Zerfall freisetzt. In einer Interpretation der Quantenmechanik (siehe S. 52–53) ist die Katze in einer Superposition des toten und lebendigen Zustands, bis ein Beobachter den Kasten öffnet. Mit diesem Gedankenexperiment wollte Erwin Schrödinger die Absurdität der Rolle des Beobachters demonstrieren.

INTER-
PRETAT
DER QU
MECHAN

IONEN
ANTEN-
IK

Die wellenartige Zeitentwicklung und der unvorhersagbare Kollaps der Wellenfunktion sind schwer mit der vertrauteren klassischen Physik vereinbar, in der die Entwicklung, der Ort und das Verhalten der Objekte wohldefiniert sind. Um zu erklären, warum man die Quantenunbestimmtheit in der Alltagswelt nicht bemerkt, haben Wissenschaftler und Philosophen verschiedene »Interpretationen« der Quantenmechanik ausgearbeitet. Einige wollen die Unbestimmtheit loswerden, indem sie den Kollaps der Wellenfunktion ab einer gewissen Größenordnung erzwingen, andere bieten kompliziertere Erklärungen, warum uns nichtkollabierte Wellenfunktionen im Alltag niemals begegnen.

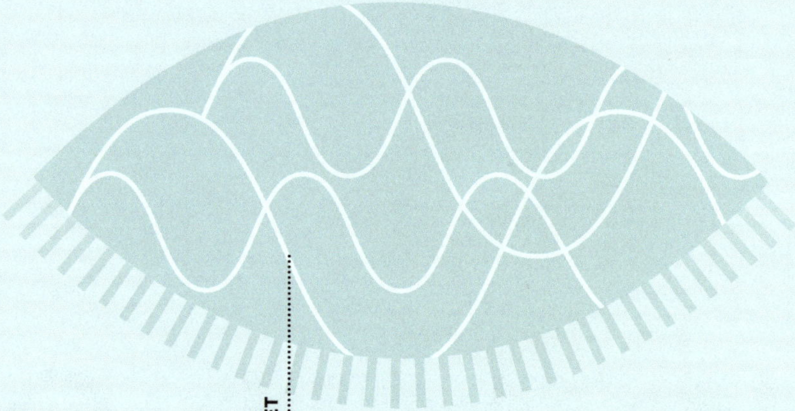

UNBEOBACHTET

- Ereignisse geschehen nach Quantenregeln.
- Systeme werden durch Wellenfunktionen beschrieben.
- Wellenfunktionen erfüllen die Schrödinger-Gleichung (siehe S. 44–45).

> **»Ich denke, ein Teilchen muss eine eigenständige Realität unabhängig von der Messung haben … Der Mond ist auch da, wenn keiner hinschaut.«**
> Albert Einstein

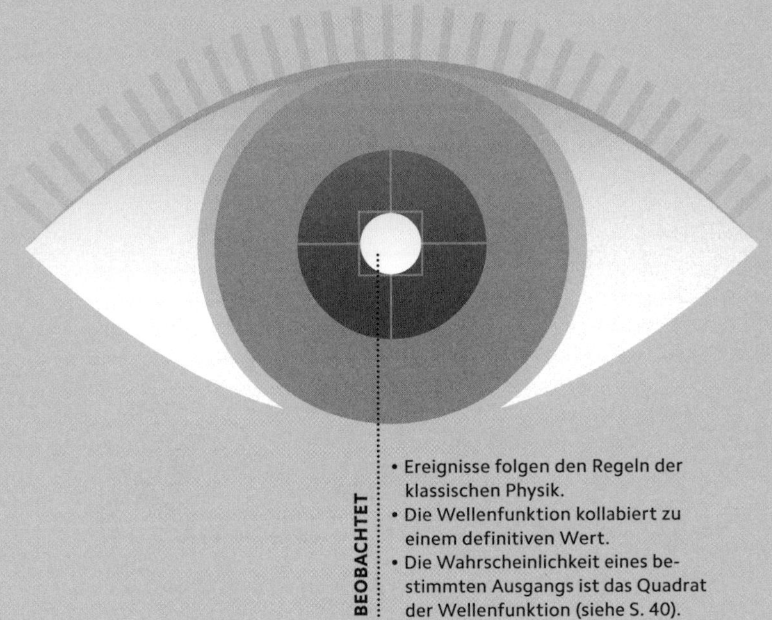

QUANTENPHYSIK VERSTEHEN

Die Kopenhagener Deutung war der früheste Versuch, eine Brücke zwischen der Quantenwelt und der klassischen Physik zu schlagen. In dieser Interpretation führt der Messprozess – der Akt des Beobachters, einen Quantenzustand zu messen – dazu, dass der Zustand des Systems sofort einen Wert annimmt: Dies nennt man Kollaps der Wellenfunktion (siehe S. 48). Die Wellenfunktion selbst gilt nur als Hilfsmittel, um die Wahrscheinlichkeiten zu ermitteln, mit der verschiedene Werte auftreten, wenn eine Beobachtung stattfindet (siehe S. 36–37).

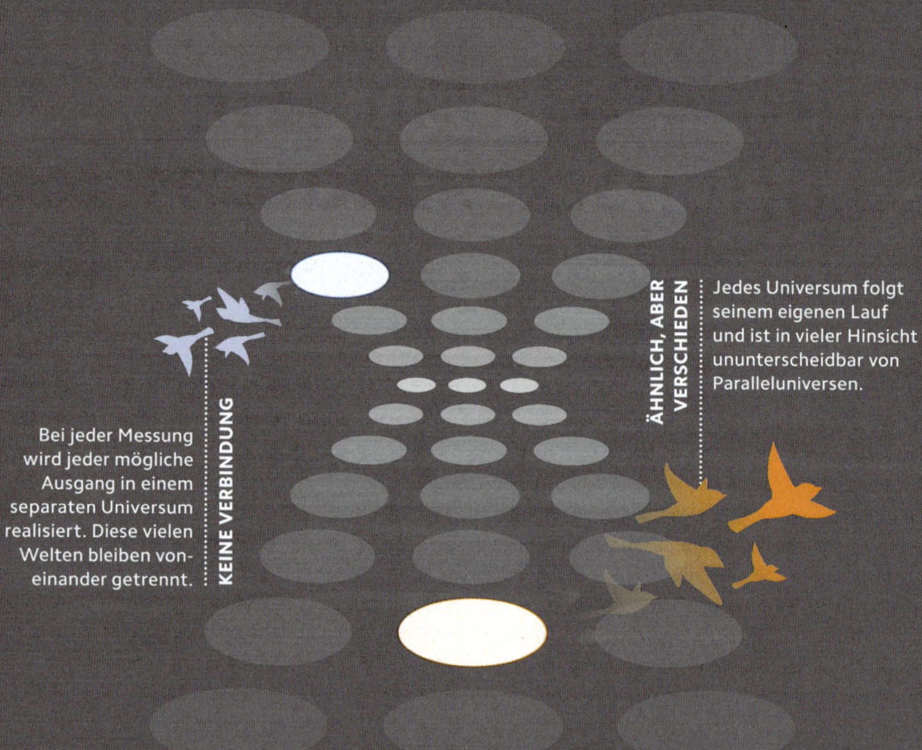

ALLES KANN UND WIRD GESCHEHEN

Die Viele-Welten-Interpretation der Quantenmechanik, entwickelt von Hugh Everett III., sieht die Wellenfunktion als die wahre Natur der Teilchen an und hält den Kollaps der Wellenfunktion (siehe S. 48) für unmöglich. Vielmehr erzeuge der Messprozess eine Vielzahl paralleler Universen – eines für jeden möglichen Ausgang der Messung. Die Wellenfunktion bleibt insgesamt nichtkollabiert, aber der Beobachter endet in einer dieser Welten, in der sie kollabiert erscheint.

EWIGE WIEDERHOLUNG

Die kosmologische Interpretation ist ein Weg, die parallelen Wirklichkeiten der Viele-Welten-Theorie zu verstehen. Demnach wäre unser Universum räumlich wahrhaft unendlich ausgedehnt, sodass sich jedes Ereignis unendlich viele Male wiederholt. Die Wellenfunktion verbindet diese fernen Ereignisse: Während wir an unserem Ort im Universum einen Ausgang einer Messung beobachten, machen anderswo andere Versionen von uns die gleichen Beobachtungen mit anderem Ausgang.

BEOBACHTBARE UNIVERSEN

Jeden Punkt im Multiversum umgibt eine Blase beobachtbaren Raums, der dadurch begrenzt ist, wie weit sich das Licht seit dem Urknall ausbreiten konnte.

VERSCHIEDENE AUSGÄNGE

Die Wellenfunktion eines Ereignisses erstreckt sich über das ganze Multiversum – der Ausgang einer Messung hängt vom Wert in einem bestimmten beobachtbaren Universum ab.

Ein unendliches Multiversum

In einem unendlich ausgedehnten Multiversum muss jedes mögliche Ereignis irgendwo im unendlichen Raum stattfinden.

UN-SICHTBARE EINFLÜSSE

FÜHRUNGSWELLE

In der Theorie der Führungswelle werden die Ergebnisse von Quantenmessungen durch unbeobachtbare Wellen geführt, die ein Kollektiv von Teilchen steuern.

Nach der Kopenhagener Deutung (siehe S. 52–53) wirken verschränkte Teilchen (siehe S. 72–73) irgendwie aufeinander ein, und zwar augenblicklich, also scheinbar mit Überlichtgeschwindigkeit, was unmöglich sein sollte. Theorien mit verborgenen Variablen schlagen zur Lösung dieses Problems daher prinzipiell unbeobachtbare Teilcheneigenschaften vor, die den Kollaps der Wellenfunktion steuern. Die Theorie der Führungswelle oder De-Broglie-Bohm-Theorie etwa nimmt verborgene Quantenwellen an, die das Teilchen »führen« und die Wellenfunktion in einem bestimmten Zustand kollabieren lassen.

»Wir sind nicht hinreichend erstaunt darüber, dass Wissenschaft überhaupt möglich sein kann.«

Louis de Broglie

AUF DER WELLE REITEN

Teilchen scheinen individuelle Wellenfunktionen und unbestimmte Eigenschaften zu haben, aber die Führungswelle bestimmt ihre Eigenschaften bei der Messung.

KLASSISCHE VORHERSAGE
Erwartete Messergebnisse, wenn die Verschränkung durch verborgene Variablen, die nur lokal sind, vermittelt wird.

QUANTENREALITÄT
Die tatsächliche Beziehung, die aus der Quantenmechanik folgt.

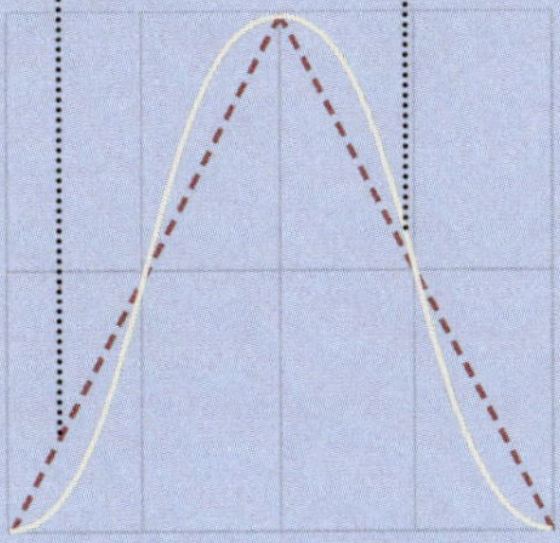

Bellsche Ungleichung
1964 widerlegte John Stewart Bell die Annahme lokaler (d. h. nicht überlichtschnell fernwirkender) verborgener Variablen, indem er zeigte, dass dies zu falschen Ergebnissen bei der Messung des Spins zweier verschränkter Teilchen führt.

WENN DIE WELLEN SICH TREFFEN

Die Interferenz zwischen Wellen, die in der Zeit vorwärts und rückwärts laufen, führt zu einem scheinbar augenblicklichen Kollaps der Wellenfunktion.

EIN QUANTEN-HANDSHAKE

Diese Deutung bietet eine mögliche Erklärung dafür, wie Wechselwirkungen zwischen Quantensystemen stattfinden. Demnach bilden die Systeme Wellen, die sich räumlich ausbreiten und dabei in der Zeit sowohl vorwärts als auch rückwärts laufen. Andere Systeme, darunter auch der Beobachter, bilden entsprechende Wellen. Trifft die vorwärts laufende Welle eines Quantensystems auf eine rückwärts laufende einer anderen Quelle, findet ein sogenannter Handshake (ähnlich wie bei Computersystemen) statt, der die Eigenschaften des Quantensystems klärt.

Zufälliges Treffen
Die gemessenen Werte für Ort, Impuls und andere Eigenschaften eines Quantenteilchens werden durch die Wechselwirkung zwischen seiner Wellenfunktion und der des Beobachters bestimmt.

Halbwertszeit der Wellenfunktion
Eine Wellenfunktion hat eine gewisse, anfänglich kleine Wahrscheinlichkeit, spontan zu kollabieren; das ist so ähnlich wie die Halbwertszeit beim radioaktiven Zerfall. Der Kollaps kann durch die Wechselwirkung mit kollabierenden Wellenfunktionen anderer Teilchen beschleunigt werden.

KLEINE WAHRSCHEINLICHKEIT
Die Wellenfunktion eines isolierten Teilchens hat eine sehr kleine Kollapswahrscheinlichkeit (z. B. einmal in einer Million Jahre).

MITTLERE WAHRSCHEINLICHKEIT
Wenn sich Teilchen mit anderen in einer Gruppe befinden, kann der Kollaps eines Teilchens den Kollaps anderer Teilchen auslösen.

WAHRSCHEINLICHER KOLLAPS
Große Objekte bestehen aus sehr vielen Teilchen, sodass viele in einem kollabierten Zustand sind; daher zeigen sie kaum noch Quantenphänomene.

SPONTANER KOLLAPS

Die Annahme der Kopenhagener Deutung, dass die Messung oder Beobachtung einen Kollaps der Wellenfunktion bewirkt, führt zur verstörenden Frage: Was passiert, wenn keine Messung stattfindet? Dynamischer-Kollaps-Theorien umgehen dies durch die Annahme, dass der Kollaps von selbst zufällig stattfindet, ohne Auslöser von außen. Die Wahrscheinlichkeit des Kollapses einer Wellenfunktion kann aber dennoch durch die Wellenfunktion der umgebenden Teilchen beeinflusst werden.

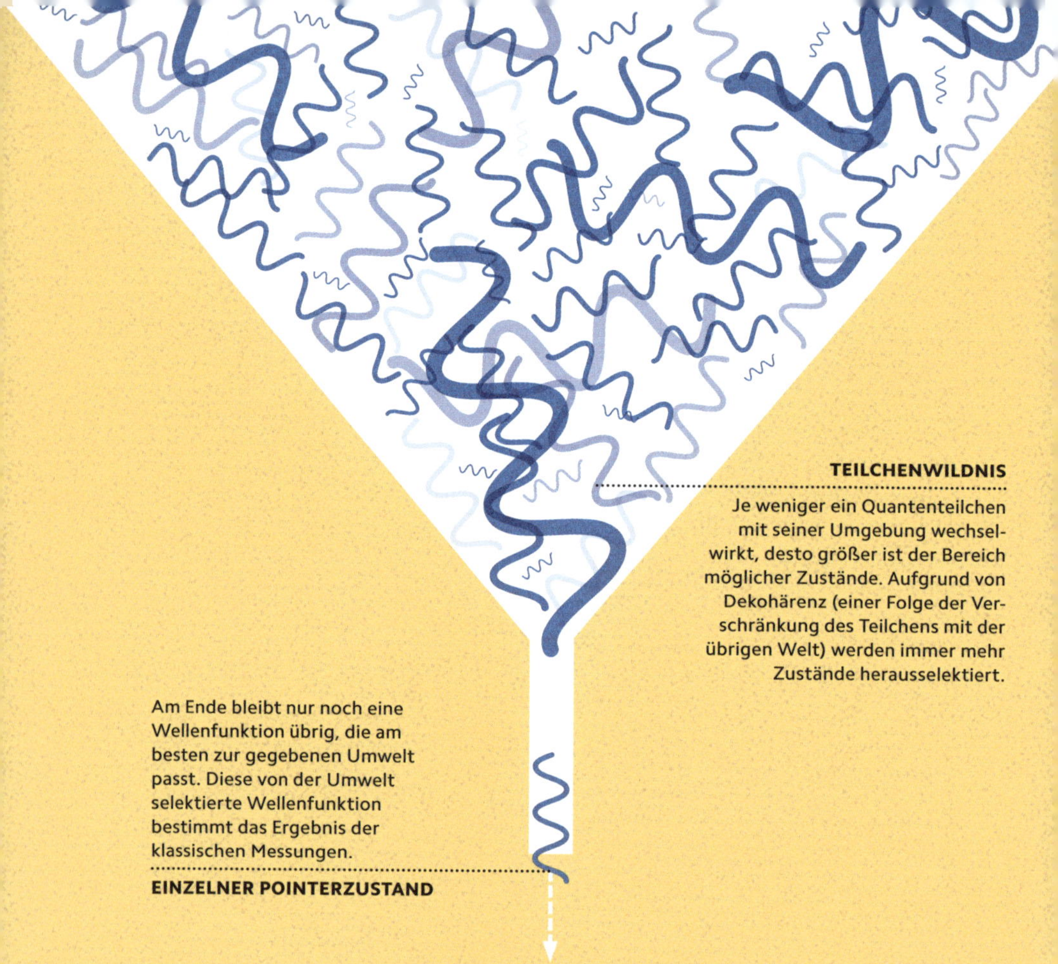

TEILCHENWILDNIS

Je weniger ein Quantenteilchen mit seiner Umgebung wechselwirkt, desto größer ist der Bereich möglicher Zustände. Aufgrund von Dekohärenz (einer Folge der Verschränkung des Teilchens mit der übrigen Welt) werden immer mehr Zustände herausselektiert.

Am Ende bleibt nur noch eine Wellenfunktion übrig, die am besten zur gegebenen Umwelt passt. Diese von der Umwelt selektierte Wellenfunktion bestimmt das Ergebnis der klassischen Messungen.

EINZELNER POINTERZUSTAND

SELEKTION DER ZUSTÄNDE

Wenn verborgene Variablen (siehe S. 56–57) den Kollaps der Wellenfunktion nicht steuern können, vielleicht kann es etwas anderes? Der Quanten-Darwinismus übernimmt Ideen von Charles Darwin über die natürliche Selektion in der Biologie. In dieser Interpretation filtern die Wechselwirkungen zwischen einem Teilchen und seiner Quantenumgebung nach und nach die möglichen Endzustände der Wellenfunktion heraus, bis nur noch ein einzelnes Ergebnis, der sogenannte Pointerzustand, übrig bleibt.

GLAUBE DES BEOBACHTERS

Diese nach Thomas Bayes, einem Statistiker im 18. Jh., benannte Interpretation, auch QBism (sprich: »Kubism«) genannt, stellt den Beobachter ins Zentrum der Theorie. Ähnlich wie die Bayessche Statistik Menschen ermöglicht, ihre Schätzung der subjektiven Wahrscheinlichkeit oder Plausibilität von Ereignissen durch zusätzliche Informationen zu verbessern, ist nach dem QBism die Wellenfunktion nur eine Repräsentation des subjektiven Wissens des Beobachters und seines Glaubens über die verschiedenen möglichen Ausgänge.

CODIERTE WAHRSCHEINLICHKEITEN

Die Wellenfunktion stellt einfach die Informationen über die Plausibilität der verschiedenen Ergebnisse einer Messung dar. Für den QBism sind Quantenzustände »Grade des Glaubens« (bzw. der vernünftigen Erwartung).

WAHRGENOMMENE REALITÄT

Mithilfe neuer Informationen über ein Quantensystem kann der Beobachter seinen Glauben über die Plausibilität aktualisieren und erhält eine neue Wellenfunktion; dies macht letztlich den Messprozess aus.

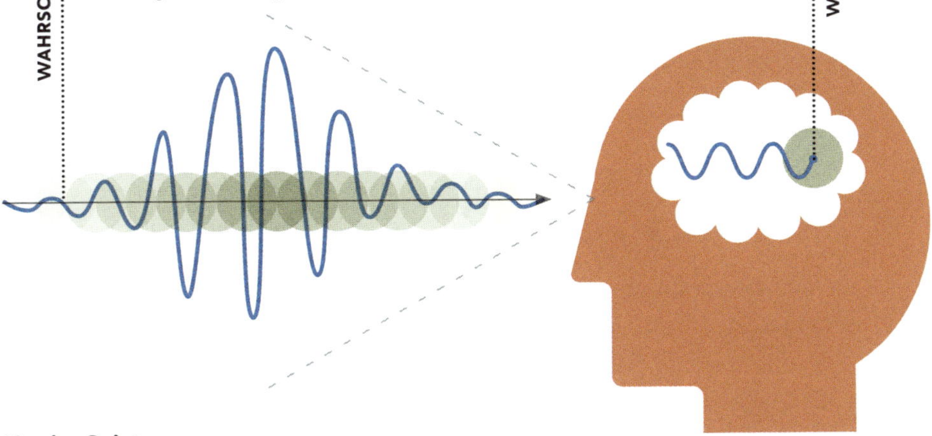

BEOBACHTER

Nur im Geist
Der Quanten-Bayesianismus beruht auf der Überlegung, dass das gesamte Konzept der Wahrscheinlichkeit ein geistiges Konstrukt und keine objektive Eigenschaft der Wirklichkeit ist.

WELLENFUNKTION
Die Eigenschaften der Wellenfunktion können sich auf verschiedene Weise entwickeln, abhängig von den verschiedenen Historien vor der Messung.

Aussieben der Ergebnisse
Diese Interpretation ist mit einem Labyrinth vergleichbar, in dem die Wellenfunktion verschiedene Wege zum Messergebnis geht.

TEILCHEN
Die beobachteten Eigenschaften entstehen aus den unbeobachteten Historien des Quantenobjekts.

DURCH DAS LABYRINTH

Der manchmal auch »Kopenhagen, aber richtig gemacht« genannte Ansatz der konsistenten Historien versucht, die Quantenmechanik mit den »klassischen« Regeln der mathematischen Wahrscheinlichkeitstheorie zu verbinden. In diesem Ansatz kollabiert die Wellenfunktion niemals, sondern es kommt zur Dekohärenz (siehe S. 75), die die Eigenschaft des Quantensystems zu diesem Zeitpunkt aufzeigt. Man definiert eine Menge von Historien, die die möglichen Entwicklungen des Systems beschreiben, und weist jeder eine Wahrscheinlichkeit zu.

VERSCHIEDENE ANSICHTEN

Albert Einsteins Relativitätstheorie erklärt, wie Beobachter in verschiedenen Bezugssystemen (die sich z. B. verschieden schnell bewegen) die Ereignisse verschieden auffassen. Die relationale Interpretation wendet eine ähnliche Idee auf die Wellenfunktion an und meint, sie könne für verschiedene Beobachter gleichzeitig verschiedene Formen des Kollapses bzw. Nichtkollapses zeigen, abhängig von deren Position, Bewegung oder anderen Merkmalen. Das Quantensystem und seine Beobachter werden durch eine gemeinsame Wellenfunktion beschrieben.

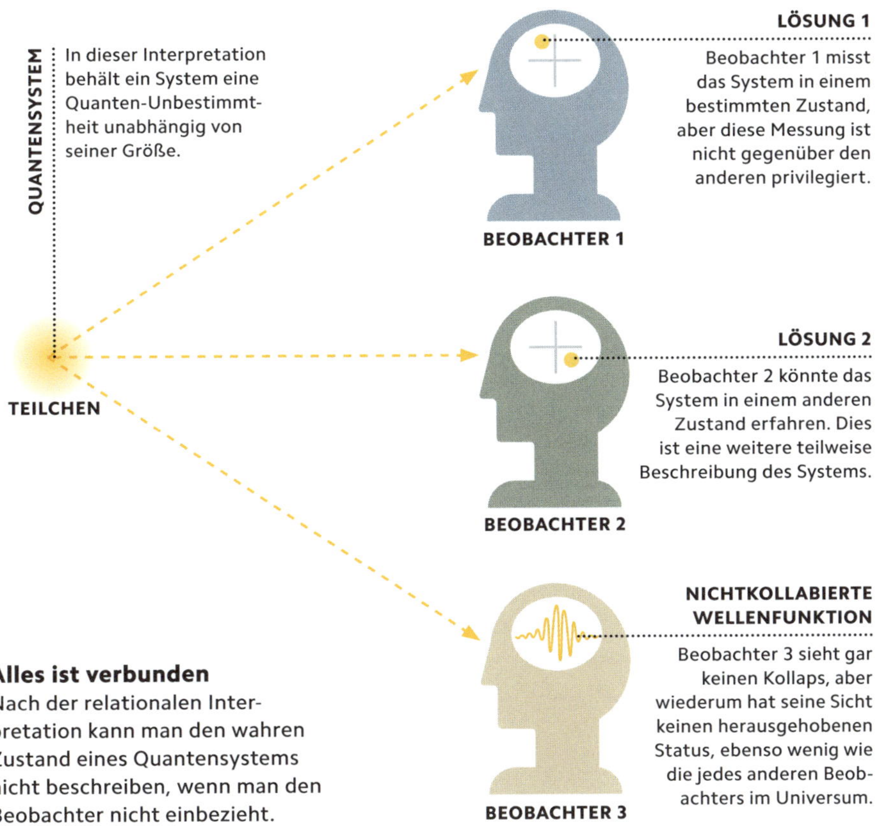

Alles ist verbunden
Nach der relationalen Interpretation kann man den wahren Zustand eines Quantensystems nicht beschreiben, wenn man den Beobachter nicht einbezieht.

QUANT

PHÄNO

EN-
MENE

In der Praxis führen die seltsamen Regeln der Quantenphysik zu einer Vielzahl ungewöhnlicher Phänomene. Die Quantenrevolution der 1920er-Jahre trug dazu bei, einige der größten verbleibenden Rätsel der damaligen Zeit zu lösen (etwa, welche Kräfte in der inneren Struktur der Atome wirken und wie instabile Atomkerne zerfallen). Doch sie traf auch Vorhersagen über seltsames Verhalten und merkwürdige Materiezustände, die einige Physiker irritierten, die aber durch geniale Experimente später im 20. Jh. bestätigt werden konnten.

DER SPIN

In der klassischen Physik haben rotierende Objekte stets einen sogenannten Drehimpuls, der den »Schwung« ihrer rotierenden Masse beschreibt. Quantenobjekte haben eine Eigenschaft, den intrinsischen Drehimpuls oder Spin, den man zunächst als Hinweis darauf sah, dass sie sich auf der Stelle drehen, der sich aber als etwas viel Seltsameres entpuppte. Der Spin bezieht sich nicht auf eine tatsächliche Rotation der Teilchen, hat aber einige der mathematischen Merkmale des klassischen Drehimpulses und führt zu ähnlichen Effekten.

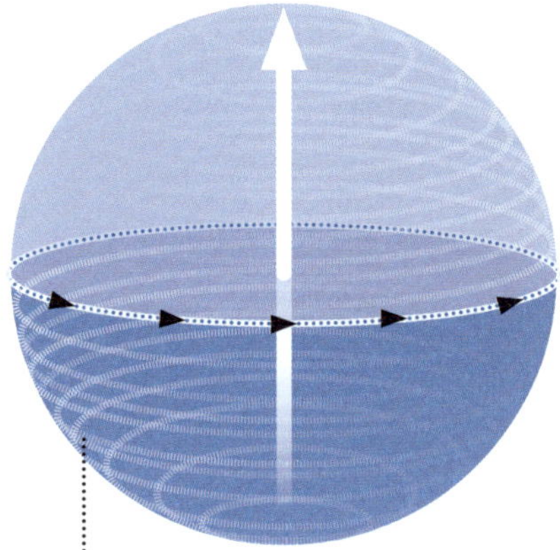

SPIN UP

Der Spin eines Teilchens wird in einer der drei Raumrichtungen gemessen, meist in diejenige, die man als z-Achse definiert. Auf diese Achse projiziert kann er zwei Vorzeichen haben: positiv (Spin up) oder negativ (Spin down).

SPIN DOWN

Wenn man ein Elektron mit dem Spin +½ (Spin up) um 360° rotiert, dann kippt sein Spin auf −½ (Spin down) um, entgegen der klassischen Erwartung.

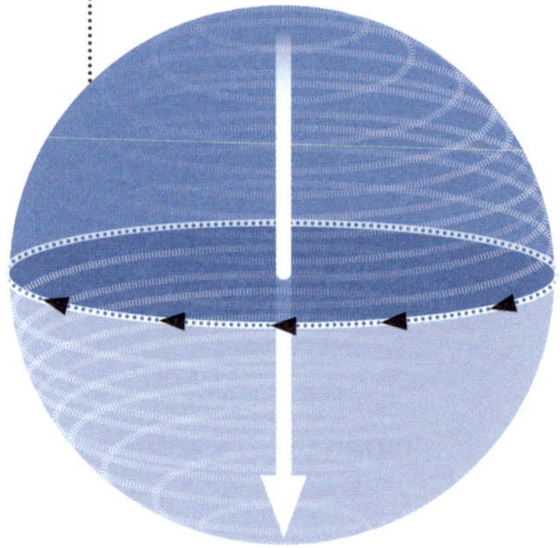

> **»Aber dann änderte die Entdeckung des Elektronenspins dieses Bild erheblich. Das Elektron war nicht symmetrisch. … sie sind nicht so einfach, nicht so elementar, wie wir gedacht hatten.«**
>
> Werner Heisenberg

MAGNETISCHE DIPOLE

Bei diesem gängigen Stabmagneten sind zahllose Dipole (Atome mit einem magnetischen Moment) gleich ausgerichtet, sodass insgesamt ein starkes Magnetfeld entsteht.

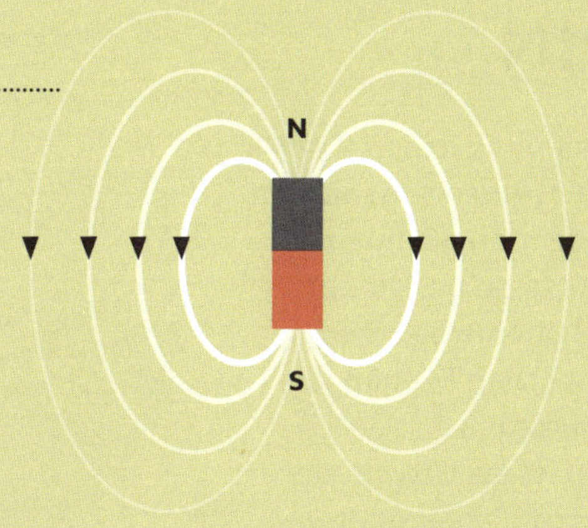

Feldlinien

Magnetfelder werden oft durch Feldlinien dargestellt, die die Richtung und Stärke der Kraft an jedem Ort zeigen.

TEILCHEN MIT MAGNETFELD

Während die elektrische Ladung eine fundamentale Eigenschaft vieler Teilchen ist, gilt das nicht für den Magnetismus – er ist vielmehr eine Folge der Bewegung elektrischer Ladungen. Geladene Elementarteilchen wie Elektronen oder Quarks erzeugen ein eigenes schwaches Magnetfeld, das magnetische Moment, aufgrund ihres Spins oder intrinsischen Drehimpulses. Wie der Spin selbst und die Ladung ist das magnetische Moment quantisiert: Es kann nur bestimmte diskrete Werte annehmen.

SPIN UND MOMENT

Die sogenannte elektromagnetische Induktion führt dazu, dass jede rotierende Ladung ein Magnetfeld induziert (erzeugt), das dem eines Stabmagneten ähnelt.

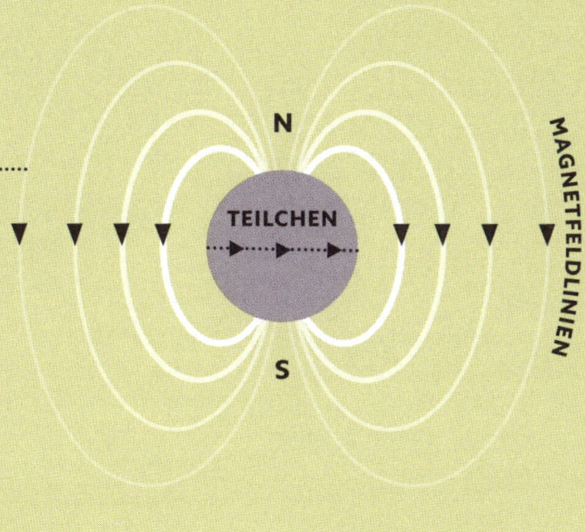

DIE GROSSE TEILUNG

Die Eigenschaft des Spins definiert eine fundamentale Einteilung der Elementarteilchen. Teilchen, die mit der Struktur der Materie zu tun haben, haben Spinwerte von $+\frac{1}{2}$ oder $-\frac{1}{2}$, während Teilchen mit Spin 1 die Träger der Grundkräfte zwischen diesen Materieteilchen sind und das Higgs-Boson (Spin 0) ihnen Masse gibt. Teilchen mit halbzahligem Spin folgen einem mathematischen Modell, der Fermi-Dirac-Statistik; man nennt sie Fermionen. Teilchen mit ganzzahligem Spin (oder 0) folgen der Bose-Einstein-Statistik und heißen Bosonen.

FERMIONEN

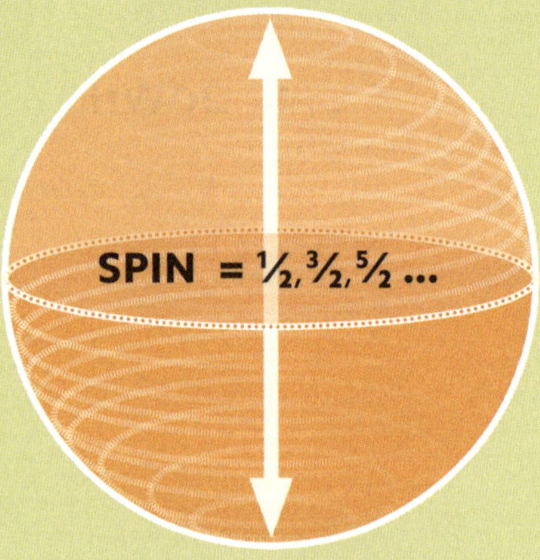

Materieteilchen
Das Vorzeichen (+ oder –) zeigt nur die Richtung des Spins (up bzw. down) an. Bilden Fermionen ein gemeinsames Quantensystem, so addieren sich ihre Spins.

BOSONEN

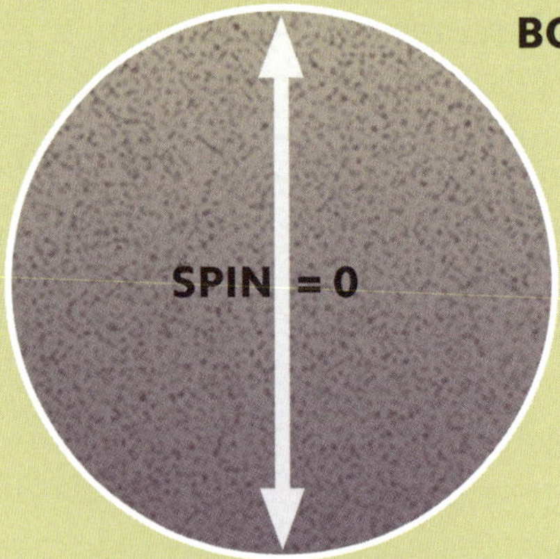

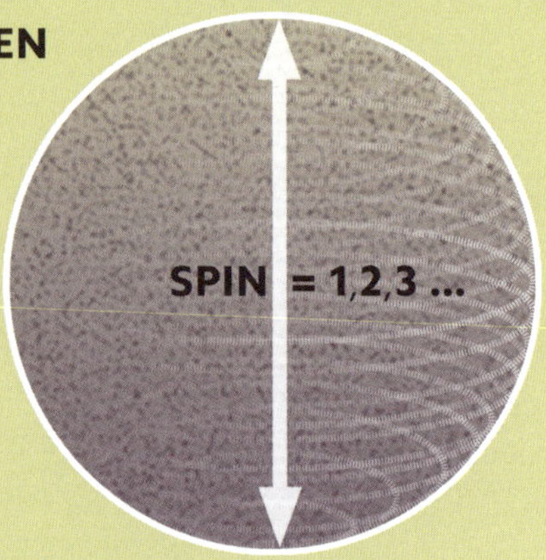

Teilchen mit ganzzahligem Spin
Austauschteilchen (Träger der Grundkräfte) haben Spin 1, aber Bosonen mit höherem Spin können durch die Kombination von Fermionen entstehen. Das einzigartige Higgs-Boson (siehe S. 127) hat Spin 0.

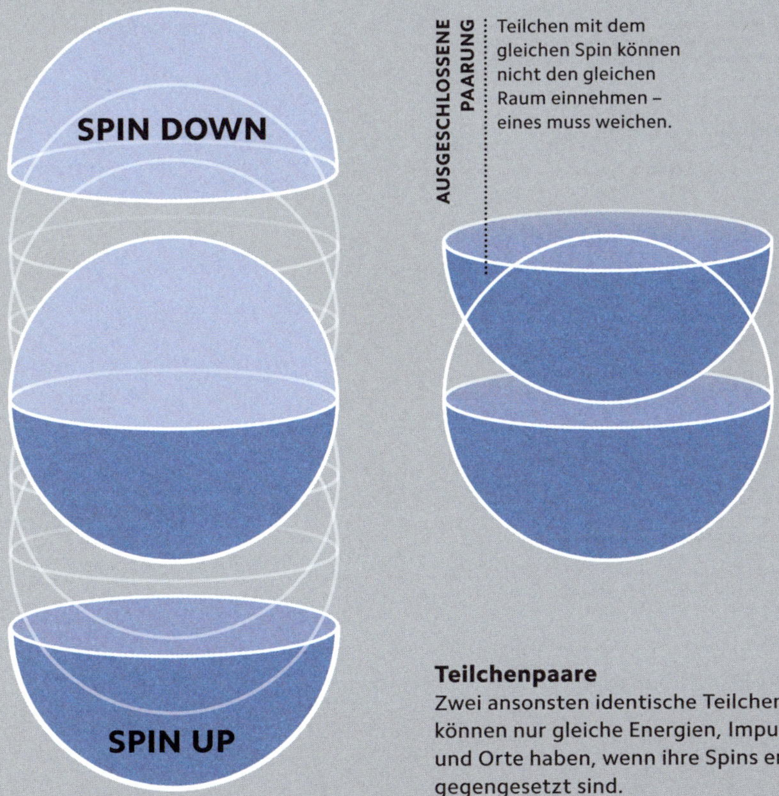

Teilchen mit dem gleichen Spin können nicht den gleichen Raum einnehmen – eines muss weichen.

Teilchenpaare
Zwei ansonsten identische Teilchen können nur gleiche Energien, Impulse und Orte haben, wenn ihre Spins entgegengesetzt sind.

KEIN PLATZ FÜR ZWEI

Als eine der wichtigsten Regeln für die Struktur der Materie verhindert das Pauli-Ausschließungsprinzip, dass Fermionen alle in genau den gleichen Quantenzustand fallen. Das erzeugt eine Art von Druck, der die Teilchen auseinander hält, selbst wenn andere Abstoßungskräfte wie die elektromagnetische überwunden werden (etwa in superdichten kollabierten Sternen wie Weißen Zwergen und Neutronensternen). Es erklärt auch, warum Atomorbitale (siehe S. 31) nur je zwei Elektronen aufnehmen (je eines mit Spin up und down).

VOR DER BARRIERE

In der klassischen Physik bilden die Kräfte, die die Teilchen im Atomkern festhalten, eine Energiebarriere (einen sogenannten Potenzialtopf). Klassisch kann ein Teilchen aus dem Kern nur entweichen, wenn es genug Bewegungsenergie hat, um die potenzielle Energie zu überwinden. Wenn seine Energie zu gering ist, bleibt es ewig gefangen.

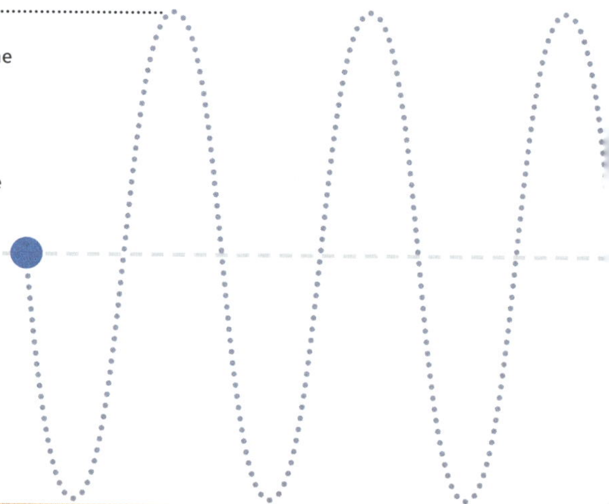

WELCHE BARRIERE?

Der sogenannte Tunneleffekt erklärt, warum Quantenteilchen manchmal scheinbar unüberwindbare Barrieren überwinden. Beim radioaktiven Alphazerfall (siehe S. 113) etwa löst sich eine Protonen-Neutronen-Gruppe spontan vom Atomkern, wobei sie die Bindungsenergie überwindet, die den Kern zusammenhält. Solch ein Sprung ist in der klassischen Physik unmöglich, aber die Ränder der Wellenfunktion reichen über die Barriere hinaus, sodass es eine kleine Wahrscheinlichkeit gibt, das Teilchen dort anzutreffen.

Ein möglicher Ausgang
Es besteht eine endliche Wahrscheinlichkeit, dass ein radioaktiver Kern in einer bestimmten Zeit zerfällt, aber der Zeitpunkt des Zerfallsereignisses ist nicht vorhersagbar. Der Tunneleffekt erklärt, warum ein Teilchen manchmal, aber nicht immer, dem Atomkern entkommt.

DURCHTUNNELN
Die Wahrscheinlichkeitsamplitude der Wellenfunktion nimmt durch die Potenzialbarriere hindurch exponentiell ab, sie kann aber jenseits der Barriere noch größer als null sein, sodass eine kleine Wahrscheinlichkeit existiert, das Teilchen dort zu finden.

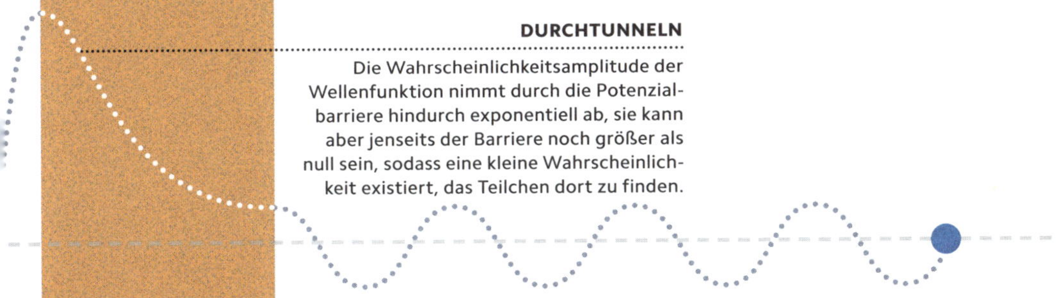

BARRIERE

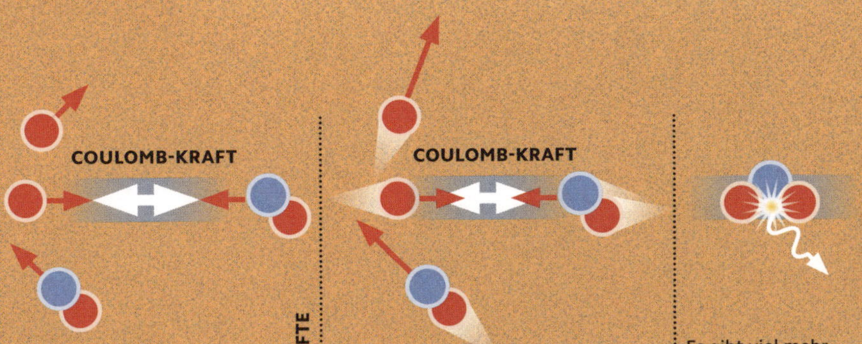

KERNE IN DER SONNE
Im Kern der Sonne befinden sich leichte Wasserstoffatomkerne, die der elektromagnetischen Coulomb-Kraft unterliegen: Gleichnamige Ladungen stoßen sich ab, ungleichnamige ziehen sich an.

ABSTOSSUNGSKRÄFTE
Bei Temperaturen von einigen Millionen Grad haben die Atomkerne riesige kinetische Energien, aber es ist nicht heiß genug, um die enorme Anzahl von Kernen zu erklären, die die elektrische Abstoßung überwinden.

KERNFUSION
Es gibt viel mehr Fusionsreaktionen in der Sonne, als mit der Coulomb-Barriere zu erwarten wäre. Also muss das Quantentunneln eine Rolle spielen.

ÜBER JEDE ENTFERNUNG

Einer der seltsamsten Quanteneffekte, die Verschränkung, entspringt der Natur der Wellenfunktion selbst. Paare von Teilchen, die bei einer einzelnen Wechselwirkung entstehen, haben einen gemeinsamen Ursprung und können nicht unabhängig voneinander beschrieben werden. Selbst wenn man sie über enorme Entfernungen trennt und die Eigenschaften des einen Teilchens misst, scheint das andere irgendwie davon zu »wissen« und seine Wellenfunktion kollabiert in den entsprechenden Zustand.

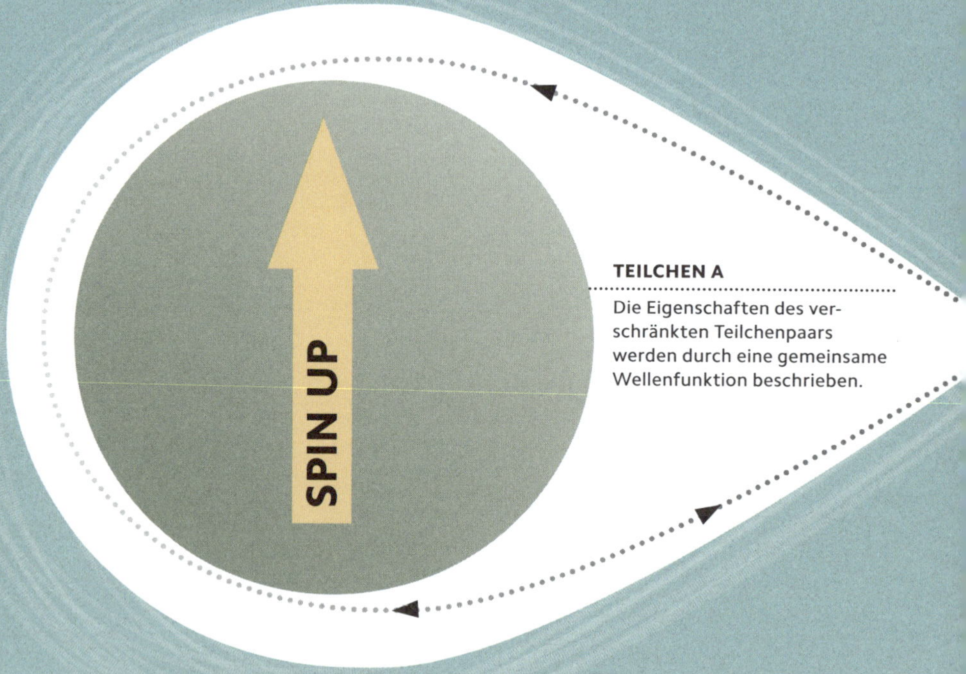

TEILCHEN A

Die Eigenschaften des verschränkten Teilchenpaars werden durch eine gemeinsame Wellenfunktion beschrieben.

Korrelation
Eine Messung physikalischer Größen (etwa Spin, Ort, Impuls oder Polarisation) eines Teilchens eines verschränkten Paars korreliert mit der Messung am zweiten Teilchen.

Teilchen können örtlich weit getrennt sein, aber die Messung des einen bestimmt sofort die Eigenschaften des anderen.

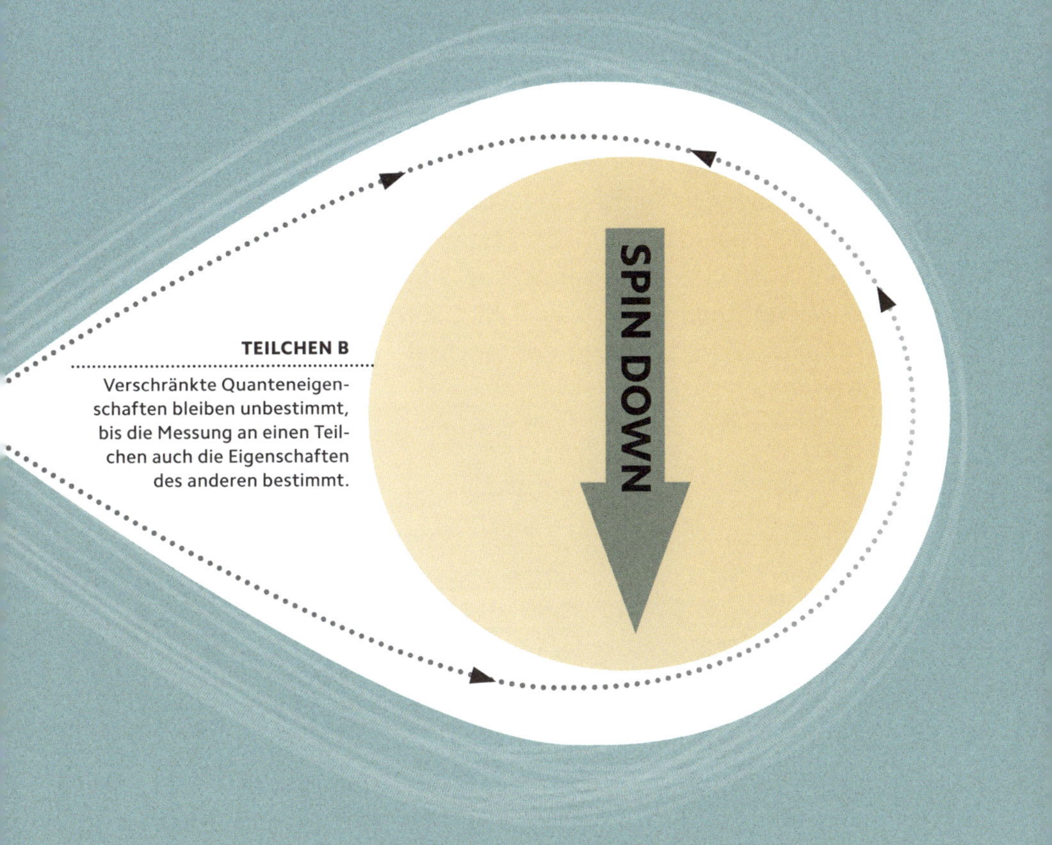

TEILCHEN B

Verschränkte Quanteneigenschaften bleiben unbestimmt, bis die Messung an einen Teilchen auch die Eigenschaften des anderen bestimmt.

SENDER

Alice codiert Informationen in ein Photon. Dann lässt sie es mit einem verschränkten Photonenpaar wechselwirken. So misst sie den Bell-Zustand (siehe S. 57).

»BEAMEN« VON ZUSTÄNDEN

Das seltsame Phänomen der Verschränkung (siehe S. 72–73) kann man zur Quantenteleportation nutzen – der Übertragung und Rekonstruktion von Quantenzuständen von einem System auf ein anderes. Dazu erzeugt man ein verschränktes Paar von Quantenzuständen (Qubits, siehe S. 106), die man dann trennt. Das zu teleportierende System wechselwirkt mit einem Qubit; dies stellt eine klassische Messung dar, deren Ergebnis klassisch mit (höchstens) Lichtgeschwindigkeit zum Ort des anderen Qubits übertragen wird und dort ermöglicht, den Zustand des wechselwirkenden Systems zu rekonstruieren.

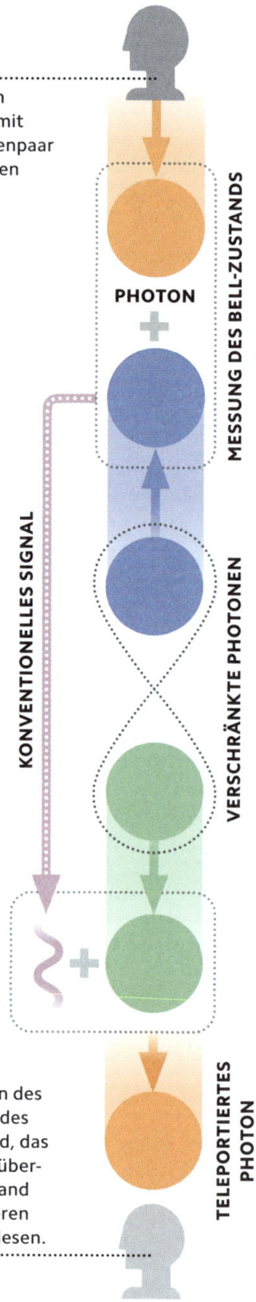

Bob besitzt das andere Photon des verschränkten Paars. Mithilfe des Wissens über den Bell-Zustand, das ihm als konventionelle Daten übertragen wird, kann er den Zustand von Alices Photon rekonstruieren und die codierte Information lesen.

EMPFÄNGER

KOHÄRENZ

Ein Quantenteilchen in völliger Isolation kann unendlich lange in einem unbestimmten Zustand bleiben.

EINFLUSS DER UMGEBUNG

In einem komplexen System wie einem Atom führen Interferenzen mit den Wellenfunktionen anderer Teilchen dazu, dass das unbestimmte System seine Kohärenz verliert.

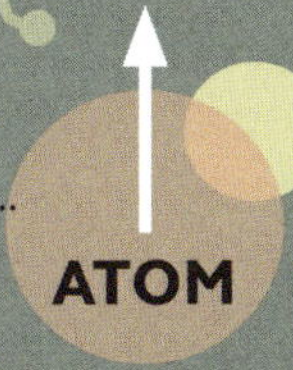

INSTABILE UMGEBUNG

Quantensysteme in einem unbestimmten Zustand, beschrieben von einer Wellenfunktion, nennt man kohärent. Dekohärenz ist der Verlust von Quanteninformation, wenn ein System mit seiner Umgebung wechselwirkt. Sofern ein System nicht perfekt isoliert ist, nimmt die Kohärenz ständig durch Wechselwirkungen seiner Wellenfunktion mit der Umgebung ab. Dekohärenz ist ein enormes Problem für Quantencomputer, die darauf beruhen, Teilchen langfristig in kohärentem Zustand zu halten.

IN FESTEN STOFFEN

Einzelne Atome bestehen aus positiv geladenen Kernen, umgeben von negativ geladenen Elektronen (siehe S. 10–11). Bei der Bildung von größeren festen Stoffen, etwa Kristallen, geben die Atome einige ihrer Elektronen ab, sodass diese sich (in gewissem Ausmaß) frei durch den ganzen Körper zwischen einem Gitter positiv geladener Ionen bewegen können. Quanteneffekte regeln, wo sich die Elektronen aufhalten – und die Modellierung der Gesamtheit der freien Elektronen als ein »Gas« aus Fermionen gibt wichtige Einsichten in Phänomene wie die Leitfähigkeit bzw. Isolierfähigkeit für Wärme und elektrische Ströme.

FESTKÖRPER

Frühe Modelle von Festkörpern versuchten, die Bewegung der Elektronen als ein Fermi-Gas zu beschreiben, das rein der Fermi-Dirac-Statistik folgt.

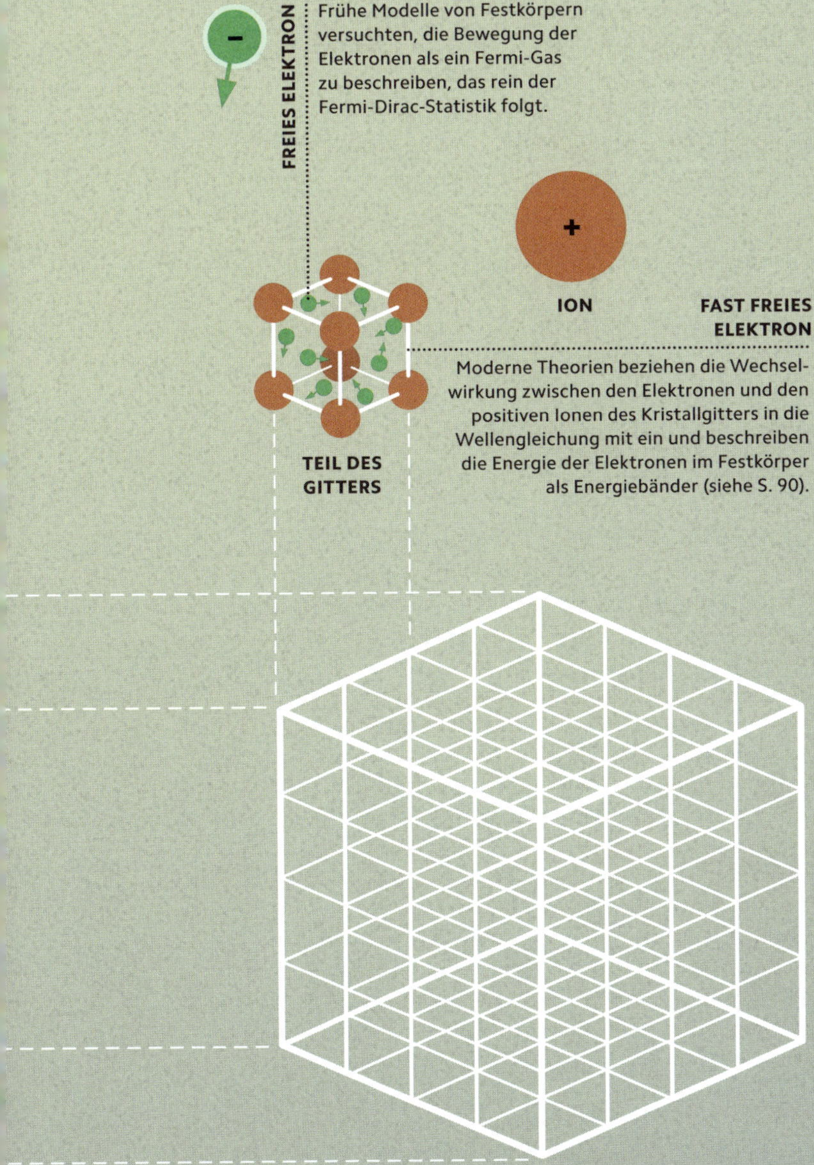

Moderne Theorien beziehen die Wechselwirkung zwischen den Elektronen und den positiven Ionen des Kristallgitters in die Wellengleichung mit ein und beschreiben die Energie der Elektronen im Festkörper als Energiebänder (siehe S. 90).

KRISTALLSTRUKTUR

BOSE-GAS

Da sich der Quantenspin mehrerer Teilchen summiert (siehe S. 68), können sich Atome, die aus einer geraden Anzahl von Fermionen (Spin ½) bestehen, wie Bosonen (ganzzahliger Spin) verhalten.

ÜBERLAPPENDE WELLEN

Wenn ein dünnes Gas bosonischer Atome auf tiefe Temperatur gekühlt wird, dehnen sich ihre Wellenfunktionen aus und überlappen gegenseitig.

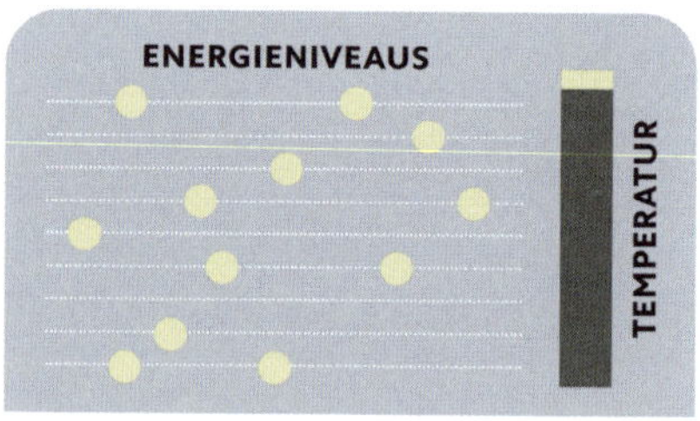

Normale Temperaturen

Bei hoher Temperatur scheint das Bose-Gas normal; die Teilchen haben Energien in einem weiten Bereich, auch wenn teils mehrere das gleiche Niveau besetzen.

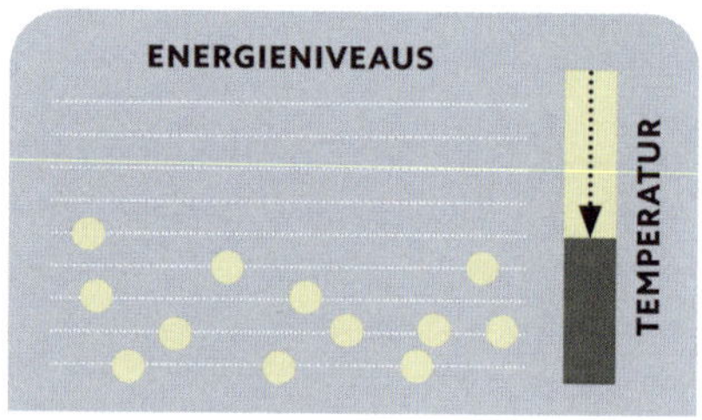

Extreme Abkühlung

Wenn die Teilchen kinetische Energie verlieren, verringert sich die Zahl möglicher Energiezustände. Mehr Teilchen teilen sich die gleichen Niveaus.

MERKWÜRDIGE ZUSTÄNDE

Wenn sehr viele Bosonen auf eine sehr niedrige Temperatur gekühlt werden, ist die Anzahl möglicher Energiezustände stark reduziert. Dann kommt es zu einem eigentümlichen Materiezustand, dem Bose-Einstein-Kondensat (BEK). Da das Pauli-Ausschließungsprinzip für Bosonen nicht gilt, sind die Teilchen nicht gezwungen, verschiedene Zustände anzunehmen. Vielmehr fallen sie in einen gemeinsamen Niedrigenergiezustand, der durch eine einzige Wellenfunktion beschrieben wird.

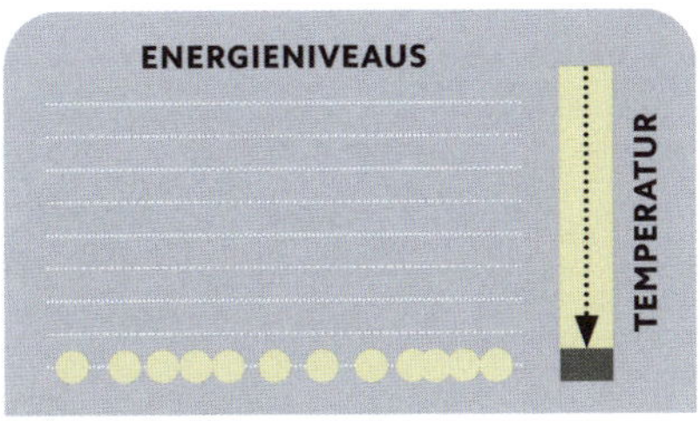

Kritische Temperatur
Unter einer bestimmten Temperatur besetzen alle Teilchen den niedrigstmöglichen Energiezustand, beschrieben durch eine einzige Wellenfunktion.

BOSE-EINSTEIN-KONDENSAT (BEK)

Sinkt die Temperatur bis nahe des absoluten Nullpunkts (–273,15 °C), so verschmelzen die Wellenfunktionen zu einer einzigen; die Teilchen bilden ein BEK, das sich wie ein einziges Riesenteilchen verhält.

FLIESSEN OHNE WIDERSTAND

Suprafluidität oder Supraflüssigkeit ist ein seltsames Phänomen, bei dem verflüssigtes Gas bei extrem tiefer Temperatur ohne inneren Widerstand zwischen seinen Atomen fließt. In Suprafluiden sind die Atome in einem Zustand, der der Bose-Einstein-Statistik (siehe S. 78–79) folgt. Ohne inneren Widerstand können sie Behälterwände »hinaufkriechen«, seltsame Wellenmuster bilden und sogar Lichtpulse anhalten.

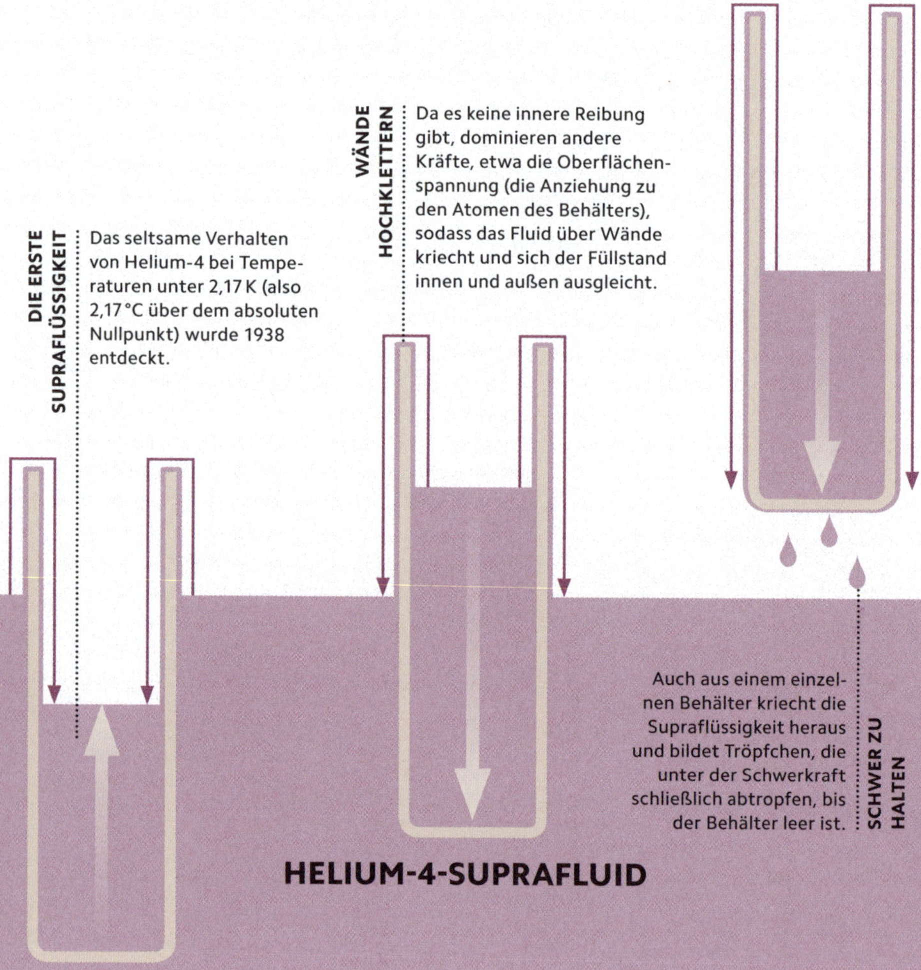

Die Gitterdeformation zieht ein zweites Elektron mit entgegengesetztem Spin an. Die Elektronen bilden ein Paar, das sich bosonisch verhält und mit anderen Paaren ein Bose-Einstein-Kondensat (siehe S. 78–79) bildet.

Wenn ein Elektron bei niedriger Temperatur durch einen Supraleiter wandert, zieht es positive Ionen des Gitters zu sich.

BCS-Modell
Das Bardeen-Cooper-Schrieffer-Modell ist ein etabliertes Konzept, das die meisten Arten von Supraleitung gut erklärt.

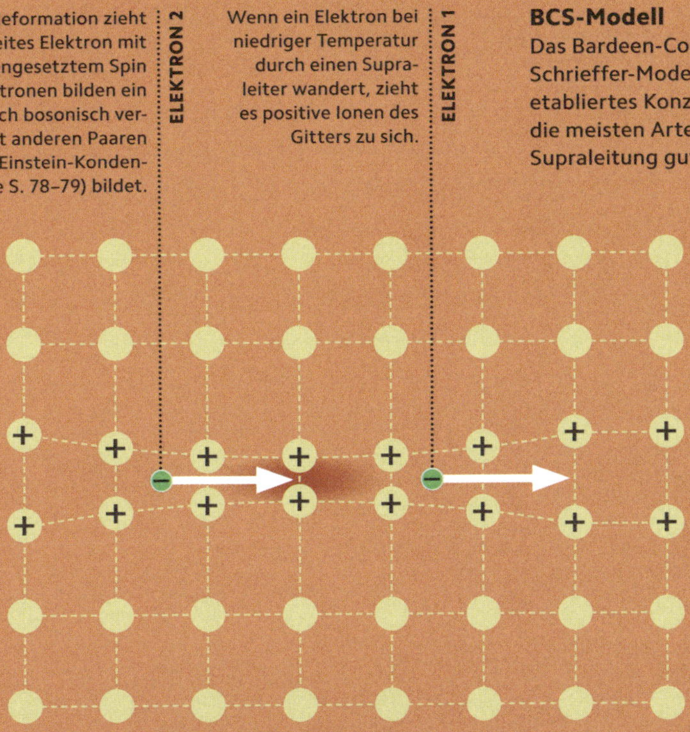

POSITIV GELADENES IONENGITTER

EWIGER STROMFLUSS

In normalen elektrischen Leitern geht Energie durch den Widerstand – die Wechselwirkung zwischen den Elektronen, die den Stromfluss bilden, und ihrer Umgebung – verloren. Doch bei niedrigen Temperaturen tritt ein Quantenverhalten ein, das man Supraleitung nennt und bei dem der Strom durch bestimmte Materialien ohne Widerstandsverluste fließt. In einem Supraleiter bewegen sich die Elektronen als Cooper-Paare, die sich wie Bosonen statt Fermionen verhalten, sodass sie reibungslos, ähnlich wie Supraflüssigkeiten, strömen können.

SELTSAME QUANTENATOME

Atome sind meist in einem Zustand ständiger Bewegung, sodass ihre Eigenschaften nur schwer genau zu messen sind. Für genauere Messungen kühlen Physiker sie auf eine extrem niedrige Temperatur, bei der die zufällige Bewegung aufgrund ihrer kinetischen Energie gering ist. Dazu bremst man die Atome mithilfe von Laserstrahlen ab. So erreicht man Temperaturen nahe des absoluten Nullpunkts (–273,15 °C), bei denen seltsame Quanteneigenschaften auftreten.

LASERKÜHLUNG

Die Wellenlänge des Lasers wird so eingestellt, dass nur Atome mit dem Strahl wechselwirken, die sich auf ihn zu bewegen. Jede Kollision mit einem Photon verringert den Impuls des Atoms.

Atome werden bei geringem Druck in die Falle eingeführt und sammeln sich zu einer Wolke (siehe S. 78–79), die man genau studieren kann.

GEKÜHLTE ATOMWOLKE

Variable Magnetfelder kanalisieren die Atome so, dass die Kühllaser die größte Wirkung entfalten.

ANTI-HELMHOLTZ-SPULEN

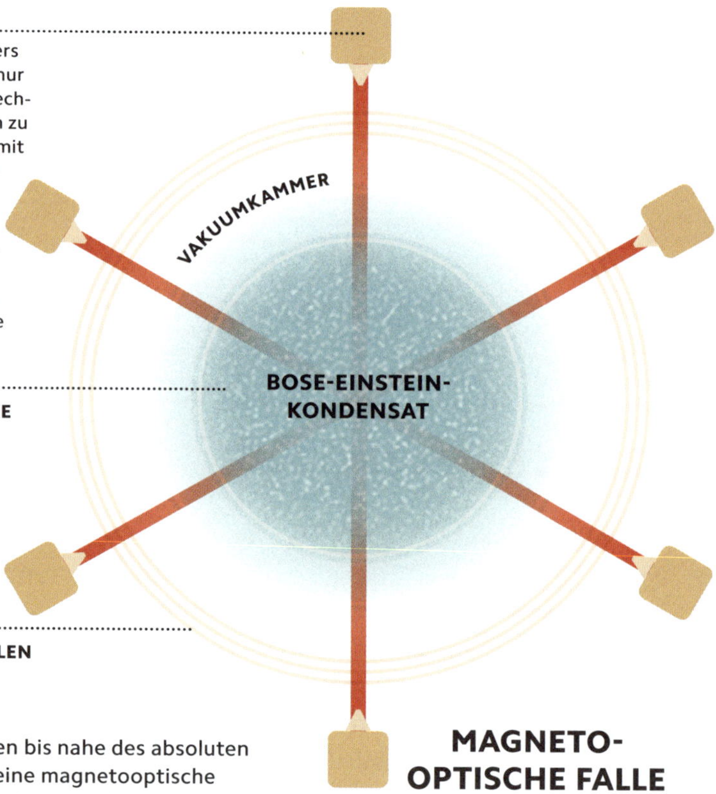

MAGNETO-OPTISCHE FALLE

Atome abbremsen
Das Kühlen von Atomen bis nahe des absoluten Nullpunkts erfordert eine magnetooptische Falle: einen komplexen Apparat, der die Bewegung der Atome fast vollständig stoppt.

RYDBERG-ATOM

UNGEWÖHNLICHE ORBITALE

Rydberg-Atome sind Atome, bei denen mindestens eines der Elektronen in eine Schale mit einer sehr hohen Hauptquantenzahl, die weit ausgedehnt ist, angeregt wird. Die große Entfernung zwischen Elektron und Kern führt zu interessanten Effekten. Einige Eigenschaften von Rydberg-Atomen ähneln denen von Wasserstoff, aber aufgrund der schwachen Bindung des äußeren Elektrons wird es leicht ionisiert und reagiert sehr empfindlich auf elektrische und magnetische Felder.

QUANT
TECHNO

EN-
LOGIE

Die Quantenphysik liegt vielen etablierten und neu entstehenden Technologien zugrunde. Anwendungen, die Quanteneffekte ausnutzen, von der Alltagselektronik bis hin zu Uhren in Satelliten, lassen sich allgemein als Quantentechnologie bezeichnen. Die Geräte, die die Grundlage des Informationszeitalters bilden, beruhen auf der Quantenphysik. Halbleiterelektronik etwa funktioniert aufgrund der Quantisierung der Energiezustände, die die Bewegungen von Ladungen im Kristallgitter einschränkt. In naher Zukunft könnten transformative neue Technologien auch andere Quanteneffekte nutzen, etwa die Verschränkung.

UNTER PHOTONENBESCHUSS

Wenn ein Elektron von einem angeregten Zustand in den Grundzustand zurückfällt (siehe S. 30), gibt es die Energiedifferenz in Form eines Photons ab. Stimulierte Emission bedeutet, Photonen auf Atome zu feuern, sodass angeregte Elektronen in den Grundzustand fallen und ein Photon emittieren, das die gleiche Wellenlänge und Phase wie das einfallende Photon hat. Dieses stimuliert wiederum andere Atome, was eine Kaskade kohärenten Lichts (siehe gegenüber) erzeugt.

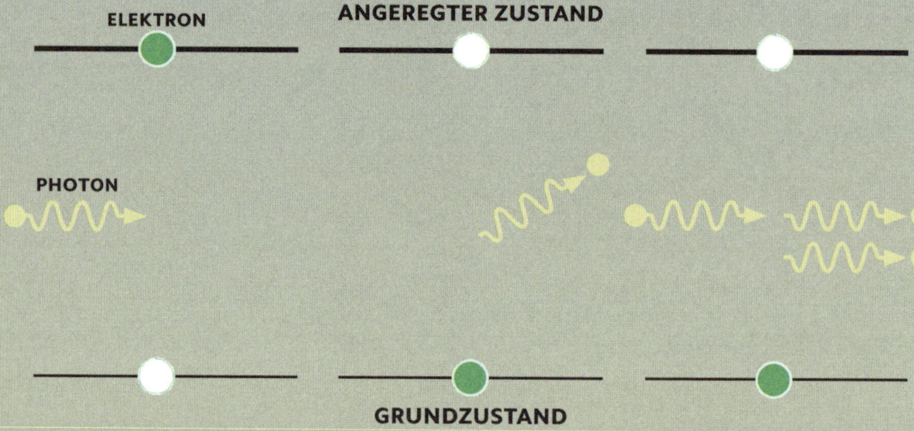

Absorption von Licht
Wenn ein Elektron Energie von einem Photon absorbiert, wird es zu einem höheren Energiezustand angeregt (man nennt den Vorgang auch Pumpen). Das angeregte Elektron kann wieder in einen niedrigeren Zustand fallen.

Spontane Lichtemission
Wenn das Elektron spontan in einen niedrigeren Zustand fällt, dann gibt es Energie in Form eines Photons ab. Die Phase und Richtung solcher spontan emittierter Photonen sind zufällig.

Stimulierte Lichtemission
Ein einfallendes Photon kann dazu führen, dass ein Elektron in einen niedrigeren Zustand fällt. Dabei emittiert das Elektron ein weiteres Photon mit gleicher Phase und Richtung wie das einfallende Photon.

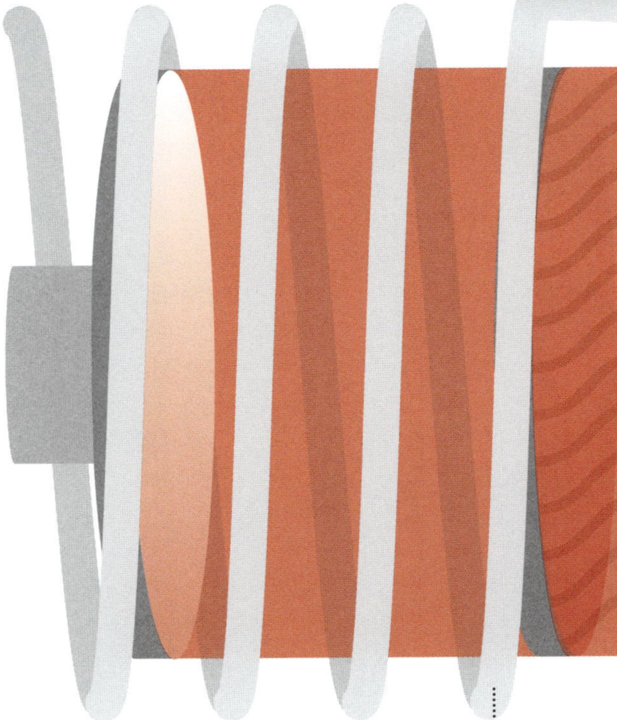

RUBINLASER

HOCH-KONZENTRIERT

Ein Laser ist ein Gerät, das Licht durch optische Verstärkung erzeugt, die auf der stimulierten Emission (siehe gegenüber) basiert. Anders als das Licht anderer Quellen ist Laserlicht kohärent, d. h., die Wellen haben genau die gleiche Frequenz und schwingen im Gleichschritt. Die Erfindung des Lasers gab uns Kontrolle über das Licht wie niemals zuvor. Heute gibt es Lidar zur Fernerkundung, Laserschneidegeräte und Spektroskope. Mit Lasern kann man auch Atome oder Ionen kühlen und einfangen.

INTENSIVES BLITZLICHT
Das Rubinmedium wird mithilfe einer Blitzlichtröhre gepumpt. Die Elektronen des Mediums absorbieren die Energie des Blitzlichts, wobei sie in einen angeregten Zustand übergehen.

ALLE WELLEN IM GLEICHSCHRITT
Der Laser emittiert schnelle Pulse von sichtbarem rotem Licht. Da die Photonen durch stimulierte Emission entstehen, ist dieses Licht perfekt kohärent.

GENAUE ZEIT

Atomuhren, etwa in Navigationssatelliten, messen die genaue Zeit mithilfe der Eigenschaften bestimmter Atome wie Caesium-133. Wenn Atome Photonen ausgesetzt sind, springen einige der Elektronen auf andere Energieniveaus. Wenn die einfallenden Photonen genau eine bestimmte Frequenz (bzw. Energie) haben, springen die Elektronen im Caesium-133-Atom zwischen Niveaus hin und her: Es kommt zur Resonanz. Eine Sekunde definiert man als genau 9 192 631 770 Schwingungen dieser Resonanzfrequenz.

Zeitmessung
Die genaueste Methode zur Zeitmessung beruht auf der Frequenz der Mikrowellenstrahlung, die Elektronen in bestimmten Atomen dazu anregt, zwischen Energiezuständen hin- und herzuspringen.

QUANTENSPRUNG
Der Oszillator setzt die Atome Mikrowellen mit einer bestimmten Frequenz aus, sodass sie in einen höheren Energiezustand übergehen.

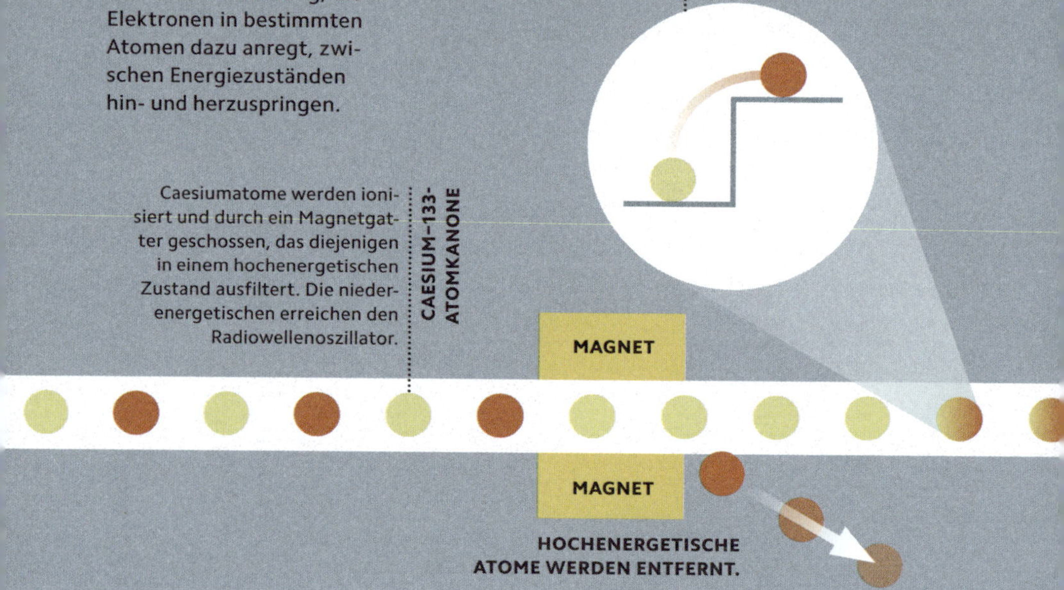

> Die genaueste Atomuhr geht in 15 Milliarden Jahren höchstens um 1 Sekunde falsch.

FREQUENZ UND ZEIT

Seit 1968 wird die Sekunde international auf dieser Frequenz basierend definiert.

RÜCKKOPPLUNG ZUM OSZILLATOR

Ein zweiter Magnet filtert nun die niederenergetischen Atome aus, bevor ein Detektor die übrig bleibenden Atome zählt. Misst der Detektor eine hohe Anzahl, so hat der Oszillator die richtige Frequenz, ansonsten muss er entsprechend nachgeregelt werden. Der Oszillator wirkt dann als Taktgeber für eine elektronische Uhr.

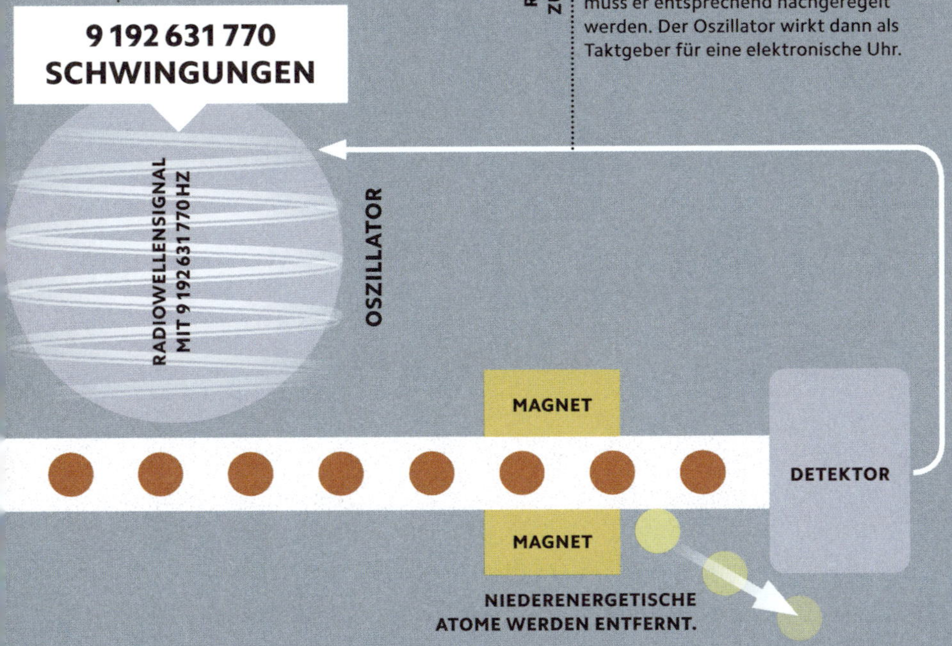

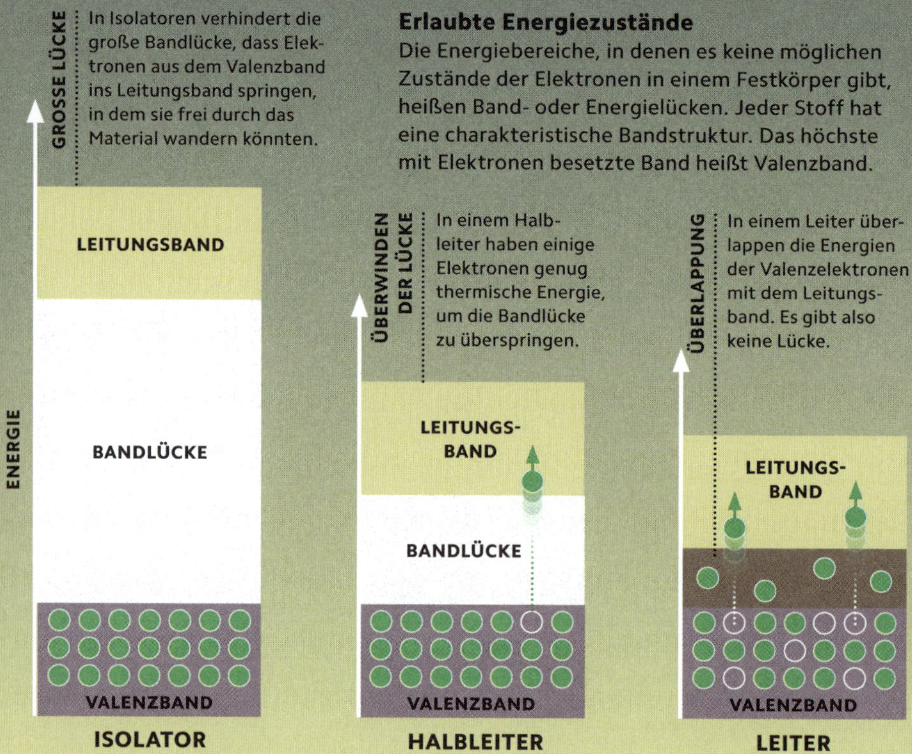

FESTKÖRPER

Um die elektrischen Eigenschaften von Körpern zu verstehen, muss man wissen, wie sich die Elektronen in ihnen bewegen. Das Bändermodell beschreibt die erlaubten und verbotenen Energieniveaus – die Bänder und Lücken – in Stoffen mit fester Struktur (siehe S. 76–77), die das Verhalten der Elektronen begrenzen. Das Modell erklärt die thermischen und elektrischen Eigenschaften von Festkörpern und ist die Basis elektronischer Halbleiterbauteile wie etwa Transistoren (siehe gegenüber), Dioden und Solid-State-Disks.

SILIZIUMCHIPS

Ein Transistor ist ein Elektronikbauteil, das Signale verändert. Er besteht meist aus Silizium, das man mit anderen Stoffen dotiert, etwa mit Atomen mit überschüssigen Elektronen (n-Dotierung) oder mit Atomen mit weniger Elektronen (p-Dotierung); das ergibt »Löcher«, die Elektronen aufnehmen können. Schichten aus p- und n-dotiertem Silizium ergeben Transistoren, die Ströme schalten oder verstärken. Ein Chip enthält sehr viele Transistoren.

Einfacher Transistor

In einem npn-Transistor liegt eine p-dotierte Schicht (mit Elektronendefizit) zwischen n-dotierten Schichten (mit Elektronenüberschuss). Einige überschüssige Elektronen wandern in die p-dotierte Schicht.

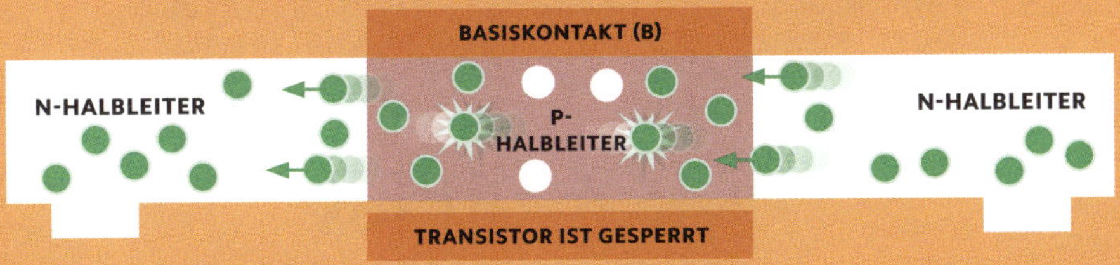

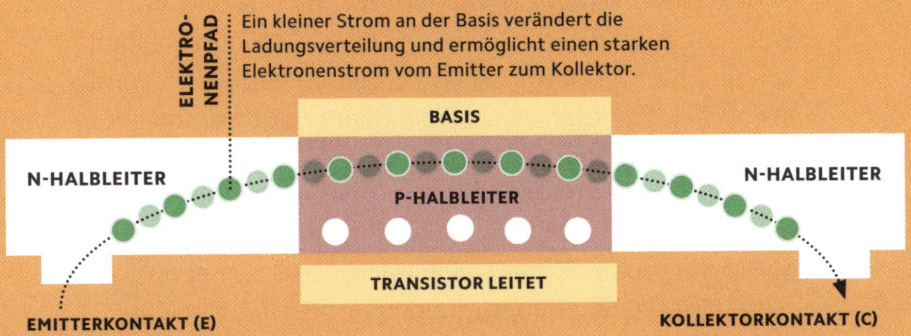

LICHT-ABGABE

Eine Leuchtdiode (LED, *light-emitting diode*) emittiert Licht, wenn ein Strom angelegt wird. Sie besteht aus einem p- und einem n-dotierten Halbleiter, die aneinander grenzen. Legt man eine Spannung zwischen ihnen an, strömen überschüssige Elektronen vom n-Halbleiter zur p-Schicht, wo sie in die »Löcher« fallen und dabei Photonen (Licht) emittieren. Die Farbe des Lichts hängt von der Energie ab, die die Elektronen brauchen, um die Bandlücke (siehe S. 90) zu überwinden.

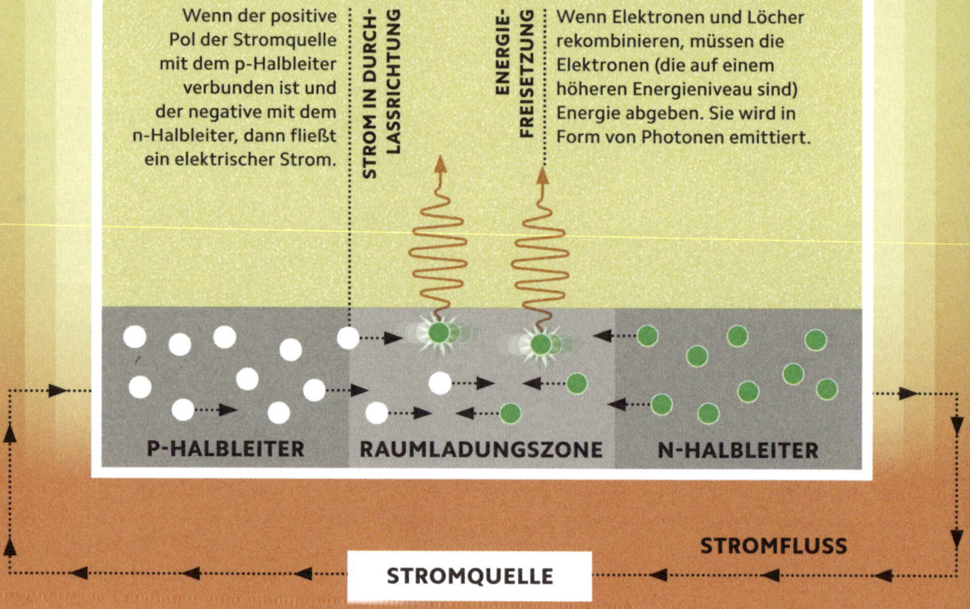

KAMERA-SENSOREN

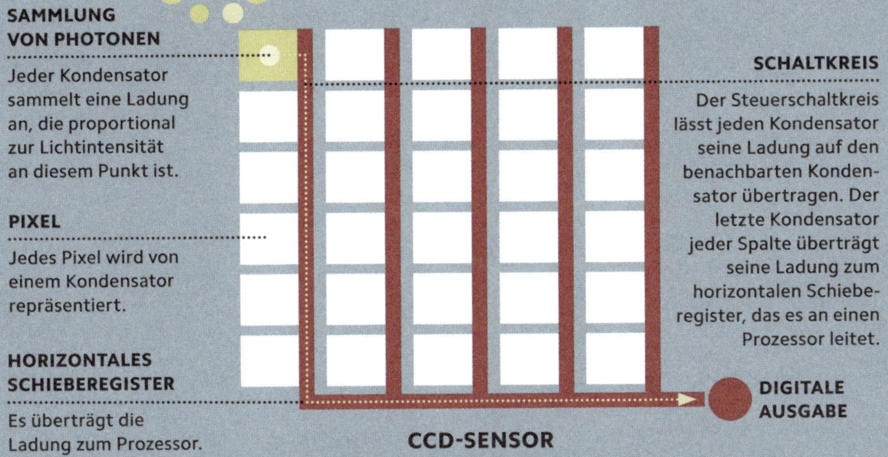

Ein CCD-Sensor (*charge-coupled device*, ladungsgekoppeltes Bauteil) besteht aus gekoppelten Kondensatoren, die elektrische Ladungen speichern. Er wandelt Licht in elektrische Signale um und ist das Herzstück von Digitalkameras. Pixel werden durch Halbleiterkondensatoren repräsentiert, die Elektronen freisetzen, wenn Licht auf sie trifft. So baut sich proportional zur Lichtintensität eine elektrische Ladung im Pixel auf. Ein Steuerschaltkreis überträgt dann die Ladungen und wandelt sie in ein elektrisches Signal um.

Quantenlift
Mit Supraleitern kann man magnetische Levitation erreichen: das Schweben eines Objekts in einem Magnetfeld.

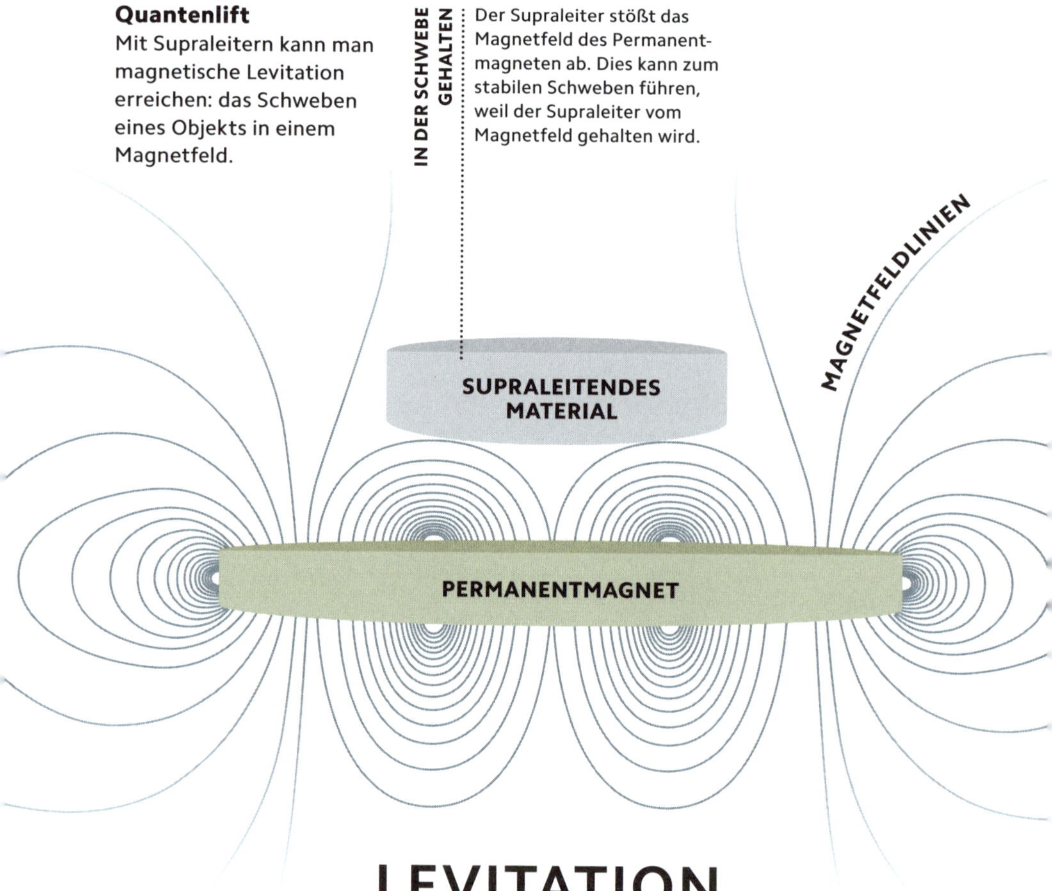

LEVITATION

Supraleitung tritt in bestimmten Materialien meist bei sehr tiefen Temperaturen nahe absolut Null (–273,15 °C) auf. Dabei verschwindet der elektrische Widerstand (siehe S. 81). Supraleitende Elektromagneten bestehen aus supraleitenden Drahtspulen, in denen enorme Ströme fließen können, sodass sie starke Magnetfelder erzeugen. Wenn ein Supraleiter in ein Magnetfeld eintritt, werden kleine Ströme in ihm induziert, die dann entgegengesetzte Magnetfelder erzeugen. Diese stoßen das Magnetfeld ab und verhindern, dass es in den Supraleiter eindringt.

TUNNELNDE PAARE

Der Josephson-Effekt ist ein seltenes Beispiel für ein makroskopisch beobachtbares Quantenphänomen. Dabei fließt ein elektrischer Strom beliebig lange ohne Anlegen einer Spannung über einen Josephson-Kontakt. Er besteht aus zwei Supraleitern mit einer dünnen Barriere zwischen ihnen. Elektronen tunneln als Cooper-Paare (siehe S. 81) durch die Barriere von einem Supraleiter in den anderen ohne Widerstand. Der Josephson-Effekt wird etwa in SQUIDS (siehe S. 96–97) genutzt.

Durch die Barriere
Elektronenpaare tunneln durch die Barriere von einem Supraleiter zum anderen, bis ein kritischer Strom erreicht wird und sich eine Spannung über die Barriere hinweg aufbaut.

Eine sehr dünne Schicht eines Isolators oder eines gewöhnlichen Leiters zwischen zwei Supraleitern zwingt das Elektronenpaar zum Tunneln (siehe S. 70–71).

SQUIDS

Ein SQUID (*superconducting quantum interference device*, supraleitendes Quanteninterferenzgerät) kann extrem schwache Magnetfelder messen, etwa die von Nervenzellen im Gehirn. Ein SQUID beruht auf einer supraleitenden Schleife mit zwei Josephson-Kontakten (siehe S. 95). Bringt man den Ring in ein Magnetfeld, passt sich der Strom in ihm so an, dass der magnetische Fluss (die Dichte der Feldlinien) im Ring verschoben wird, bis er energetisch am günstigsten ist. Daher variiert die Spannung mit dem Magnetfeld.

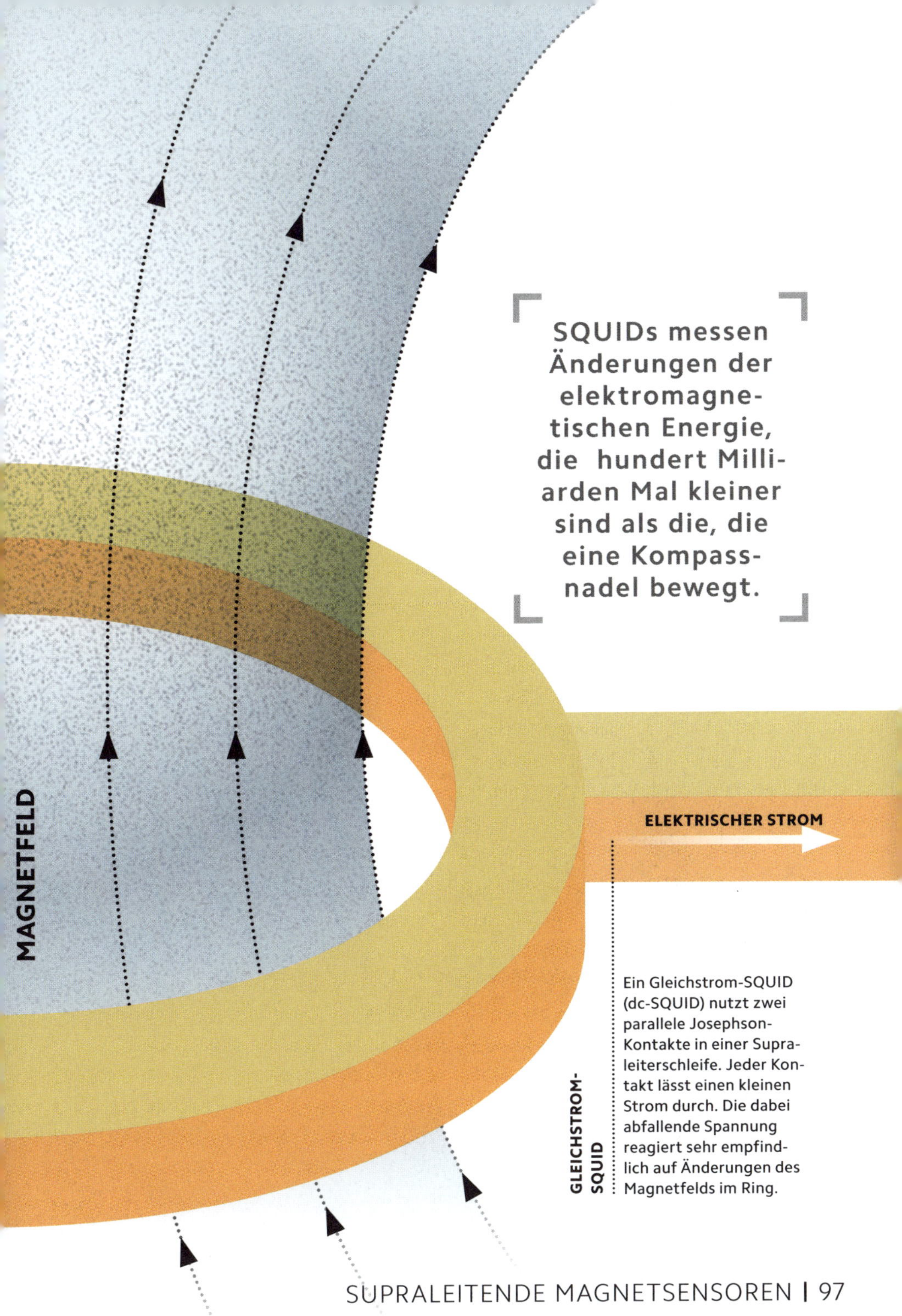

SQUIDs messen Änderungen der elektromagnetischen Energie, die hundert Milliarden Mal kleiner sind als die, die eine Kompassnadel bewegt.

GLEICHSTROM-SQUID

Ein Gleichstrom-SQUID (dc-SQUID) nutzt zwei parallele Josephson-Kontakte in einer Supraleiterschleife. Jeder Kontakt lässt einen kleinen Strom durch. Die dabei abfallende Spannung reagiert sehr empfindlich auf Änderungen des Magnetfelds im Ring.

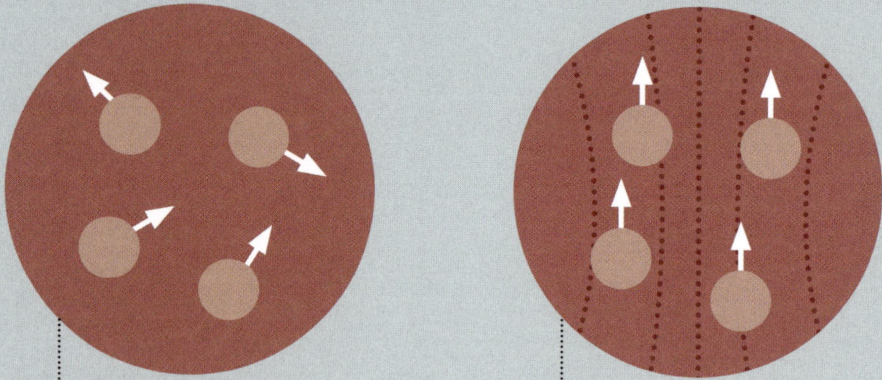

ZUFÄLLIGE SPINAUSRICHTUNG

Ohne externes Magnetfeld ist der Spin der Protonen im Körper und damit ihr magnetisches Moment in alle Richtungen zufällig ausgerichtet.

ÜBERWIEGEND AUSGERICHTET

Wenn ein starkes äußeres Magnetfeld angelegt wird, richten sich die Achsen der magnetischen Momente jedes Protons parallel zum Magnetfeld aus.

MRT-SCANNER

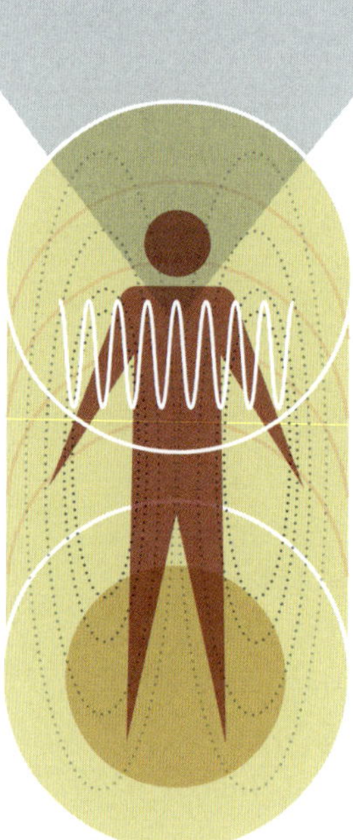

Quantenscanner

Der Spin eines einzelnen Protons kann bei einer Messung einen von zwei Zuständen zeigen: parallel oder antiparallel. Beim MRT-Scan wechseln die Protonen zwischen parallel und antiparallel hin und her.

> **»Es war gruselig. Ich sah mich selbst in dem Gerät. Ich dachte nie, dass meine Arbeit dazu führen wird.«**
>
> Isidor Isaac Rabi,
> dessen Forschung zum MRT führte

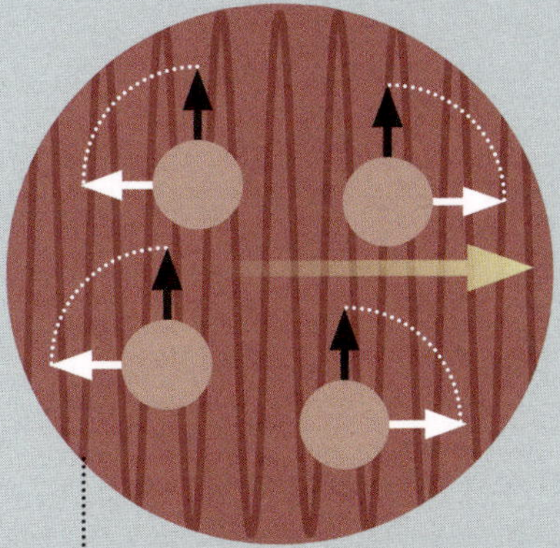

ANREGUNG DURCH RADIOPULS

Radiowellenpulse einer bestimmten Frequenz werden durch den Körper gesandt. Dadurch vibrieren die Protonen, werden angeregt und nehmen eine andere Ausrichtung (antiparallel) an.

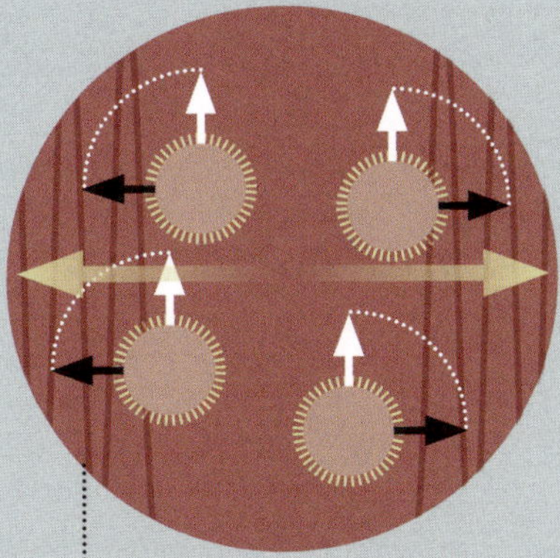

ABGABE EINES RADIOSIGNALS

Wenn der äußere Radiopuls endet, vibrieren die Protonen weiter, richten sich aber langsam wieder am Magnetfeld aus. Dabei wird Energie frei, die als messbare Radiowellen abgegeben wird.

BLICK INS INNERE

Die Magnetresonanztomografie (MRT) oder Kernspintomografie ist ein nichtinvasives medizinisches Bildgebungsverfahren. Der Patient liegt in einem starken Magnetfeld, an dem sich die magnetischen Momente (siehe S. 67) der Protonen in seinem Körper ausrichten. Protonen bilden die Kerne von Wasserstoffatomen, dem häufigsten Element im Körper. Durch Radiowellen werden die Protonen dann angeregt und vibrieren. Schaltet man den Radiosender wieder ab, kann man die Frequenz dieser Vibrationen messen und so verschiedene Gewebe unterscheiden.

SEHEN OHNE LICHT

Die Auflösung eines Mikroskops wird durch die Wellenlänge begrenzt. Zur Beobachtung winziger Objekte sind Materiewellen (die viel kleinere Wellenlängen haben) daher nützlicher als Licht. Die Wellenlänge eines Elektrons ist bis zu 100 000-mal kleiner als die von sichtbarem Licht, sodass man 100 000-mal so kleine Objekte damit abbilden kann, etwa Viren. Rasterelektronenmikroskope nutzen Strahlen von beschleunigten Elektronen, um das Objekt zu »beleuchten«; sie werden von Magnetfeldern statt von Glaslinsen gebündelt.

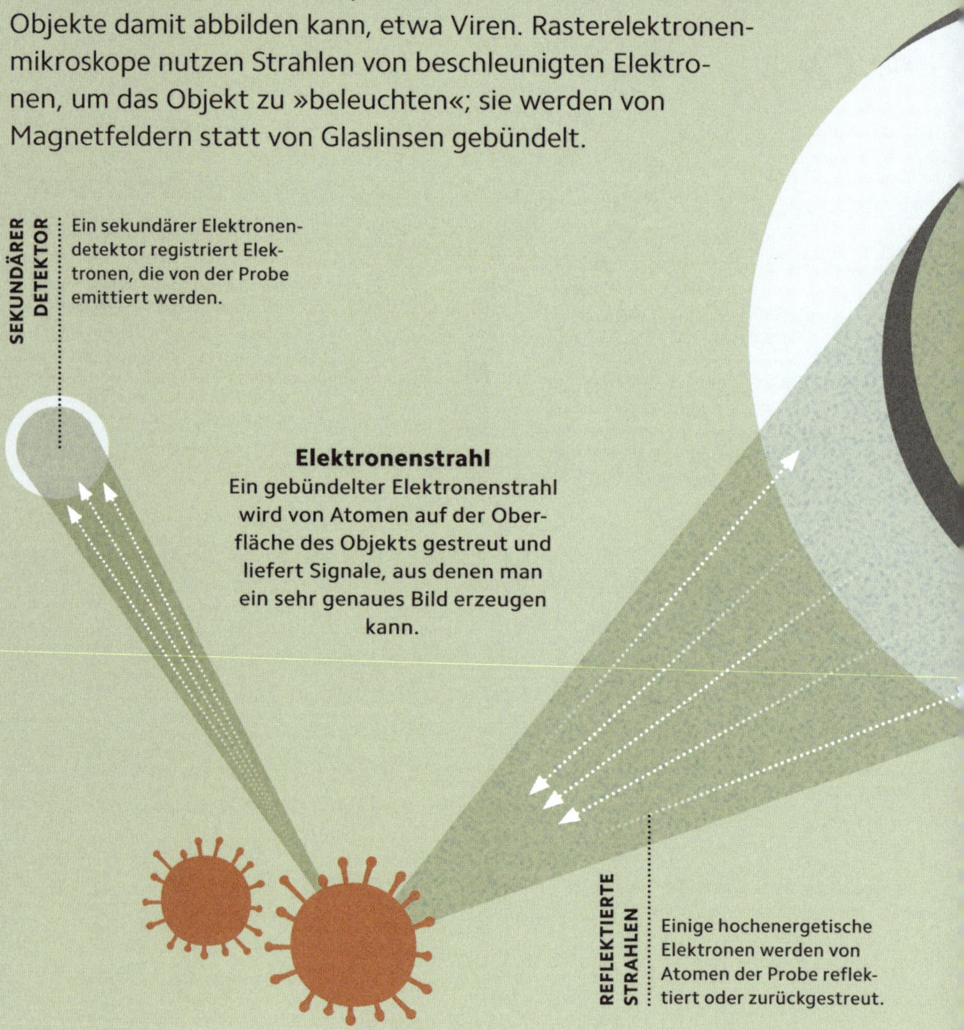

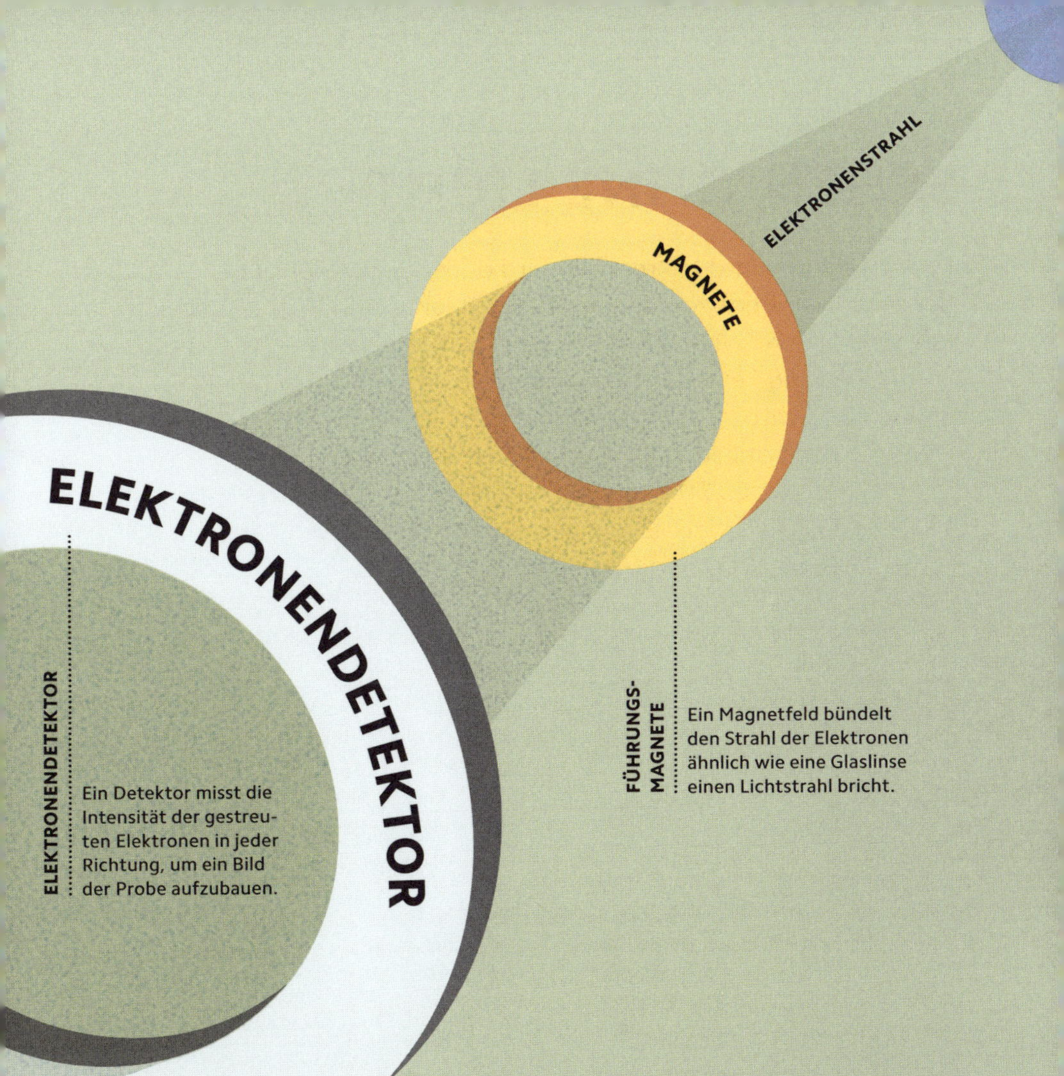

ELEKTRONENDETEKTOR Ein Detektor misst die Intensität der gestreuten Elektronen in jeder Richtung, um ein Bild der Probe aufzubauen.

FÜHRUNGS-MAGNETE Ein Magnetfeld bündelt den Strahl der Elektronen ähnlich wie eine Glaslinse einen Lichtstrahl bricht.

»In der Grundlagenforschung hat uns das Elektronenmikroskop die komplexe Welt der Zellen, der Grundeinheiten des Lebens, gezeigt.«
Günter Blobel

STEUER-ELEKTRONIK Die vom Laser gemessene Ablenkung der Spitze wird von einer Elektronik verarbeitet, die die Position der Spitze so steuert, dass sie nahe der Oberfläche bleibt.

FOTODIODE Eine lichtempfindliche Diode verfolgt die Veränderungen der Lage der Spitze mithilfe des reflektierten Laserstrahls, während die Spitze über die Probe geführt wird.

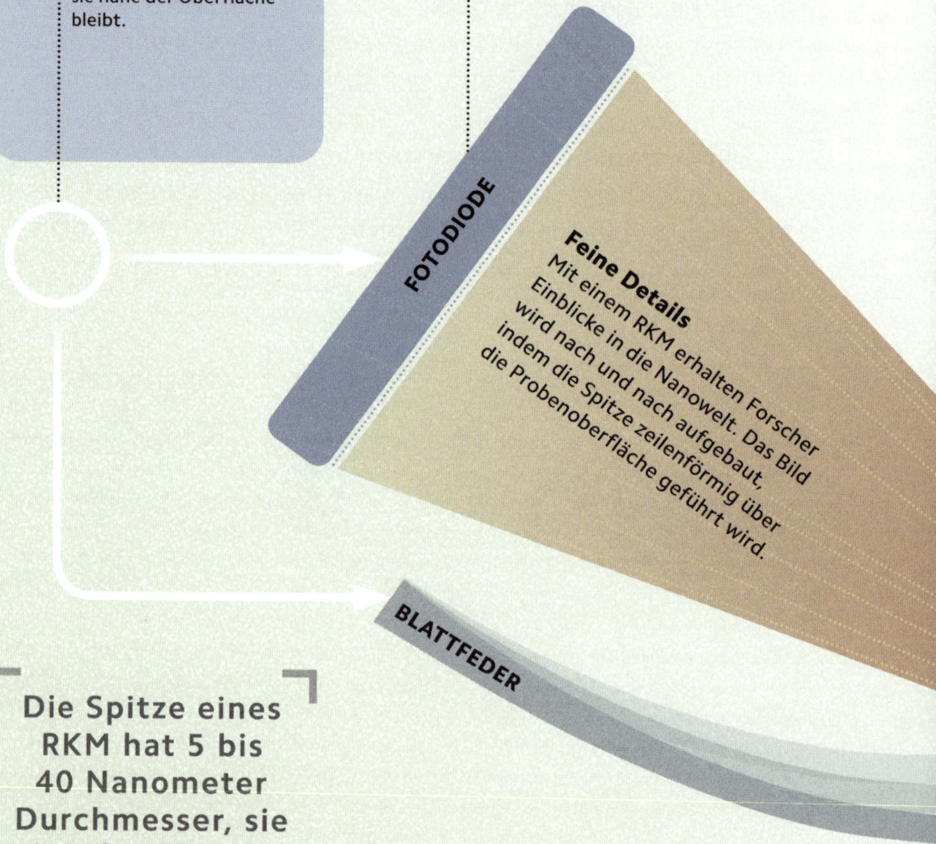

Feine Details
Mit einem RKM erhalten Forscher Einblicke in die Nanowelt. Das Bild wird nach und nach aufgebaut, indem die Spitze zeilenförmig über die Probenoberfläche geführt wird.

Die Spitze eines RKM hat 5 bis 40 Nanometer Durchmesser, sie ist also kleiner als die meisten Viren.

ATOME ERTASTEN

Ein Rasterkraftmikroskop (RKM) erzeugt ein Bild, indem es die Oberfläche eines Objekts quasi abtastet. Wenn sich eine Blattfeder mit einer sehr scharfen Spitze der Probenoberfläche nähert, wird sie durch atomare Abstoßungskräfte zwischen der Spitze und der Probe etwas gebogen. Diese Bewegung kann man mit einem Laserstrahl messen. Ein RKM erreicht eine Auflösung im Bereich von Nanometern (Millionstel Millimeter). Mit einem RKM lassen sich nicht nur einzelne Atome abbilden, sondern sogar manipulieren.

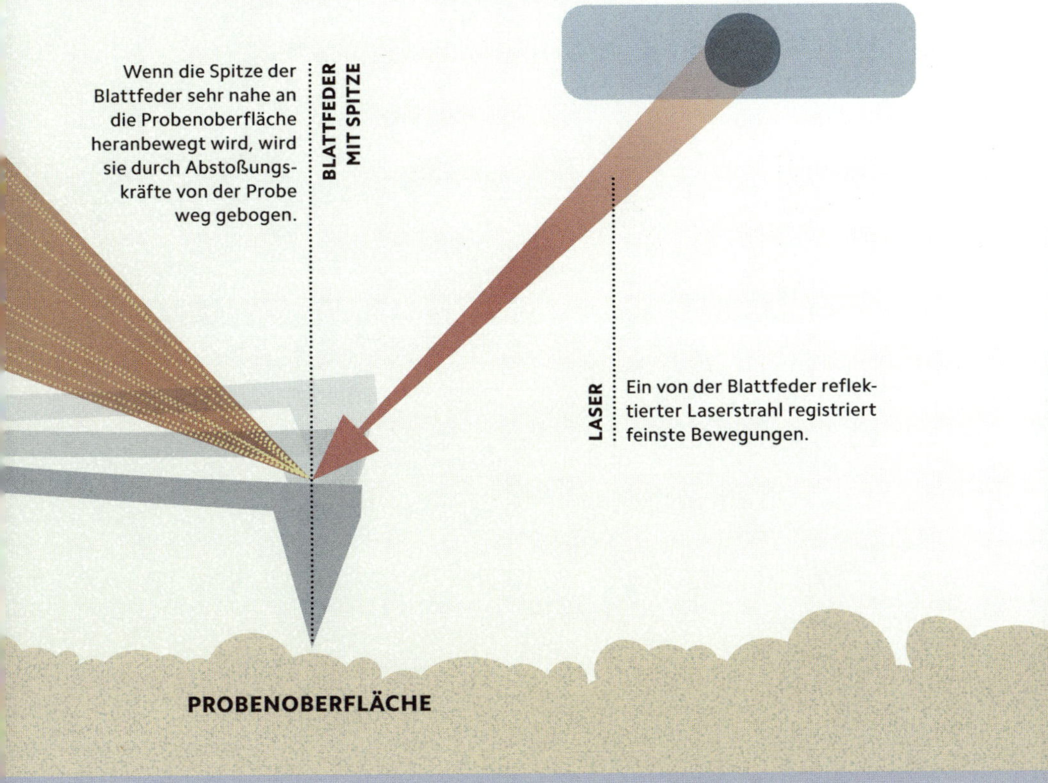

QUANT
INFORM

EN-
ATION

1980, lange bevor Computer Alltagsobjekte wurden, zeigte der US-amerikanische Physiker Paul Benioff, dass Computer theoretisch mit den Gesetzen der Quantenphysik rechnen könnten. Heute gibt es verschiedene Denkmodelle für Quantencomputer. Sie speichern und verarbeiten Quanteninformation – damit können sie potenziell neue Berechnungen und Algorithmen mit enorm höheren Rechenleistungen als heutige klassische Computer ausführen. Zwar stehen einem praktischen Einsatz noch erhebliche technische Probleme im Weg, doch man geht davon aus, dass Quantencomputer die Computertechnik, Kommunikation und Sicherheit im 21. Jh. transformieren werden.

BITWEISER VERGLEICH

In klassischen Computern ist ein Bit entweder 0 oder 1; man denkt sich das auch als einen Schalter, der entweder »aus« oder »an« ist.

0 1

BIT

SUPERPOSITION

Ein Qubit kann sich in einer Superposition der Zustände 0 und 1 befinden; dies wird durch einen Pfeil vom Zentrum zur Schale der Bloch-Kugel dargestellt. Die Wahrscheinlichkeit, 0 oder 1 zu messen, hängt von der Richtung des Pfeils ab.

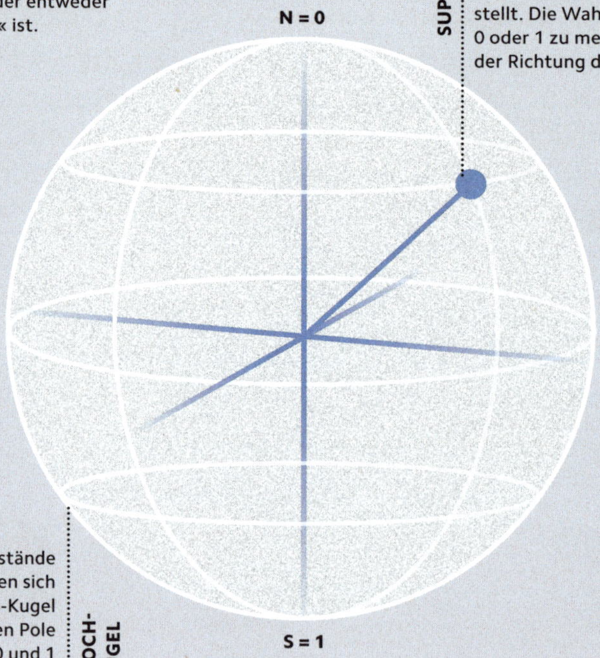

BLOCH-KUGEL

Die möglichen Zustände eines Qubits lassen sich auf der Bloch-Kugel darstellen, deren Pole die Zustände 0 und 1 repräsentieren.

NICHT NUR NULLEN UND EINSEN

Die grundlegende Informationseinheit klassischer Computer ist das Bit, das einen von zwei Zuständen annimmt, dargestellt als 0 bzw. 1. Das Quantenäquivalent, das Qubit, nimmt nicht nur einen dieser Zustände an, sondern eine Superposition (siehe S. 38–39) beider. Qubits kann man in bestimmten Teilcheneigenschaften codieren, etwa dem Elektronenspin (up/down) oder der Photonenpolarisation (vertikal/horizontal).

SUPERSCHNELL

Quantencomputer nutzen Quantenvorgänge direkt, um Daten zu speichern und zu verarbeiten. Sie können einige Berechnungen, etwa die Zerlegung sehr großer Zahlen in Primfaktoren, sehr viel schneller ausführen als klassische Computer. Theoretisch schaffen Quantencomputer Berechnungen, die mit klassischen Computern praktisch unmöglich wären. Doch es gibt erhebliche technische Herausforderungen bei der Konstruktion von Quantencomputern, vor allem darin, die Wellenfunktion der Qubits kohärent zu halten (siehe S. 75).

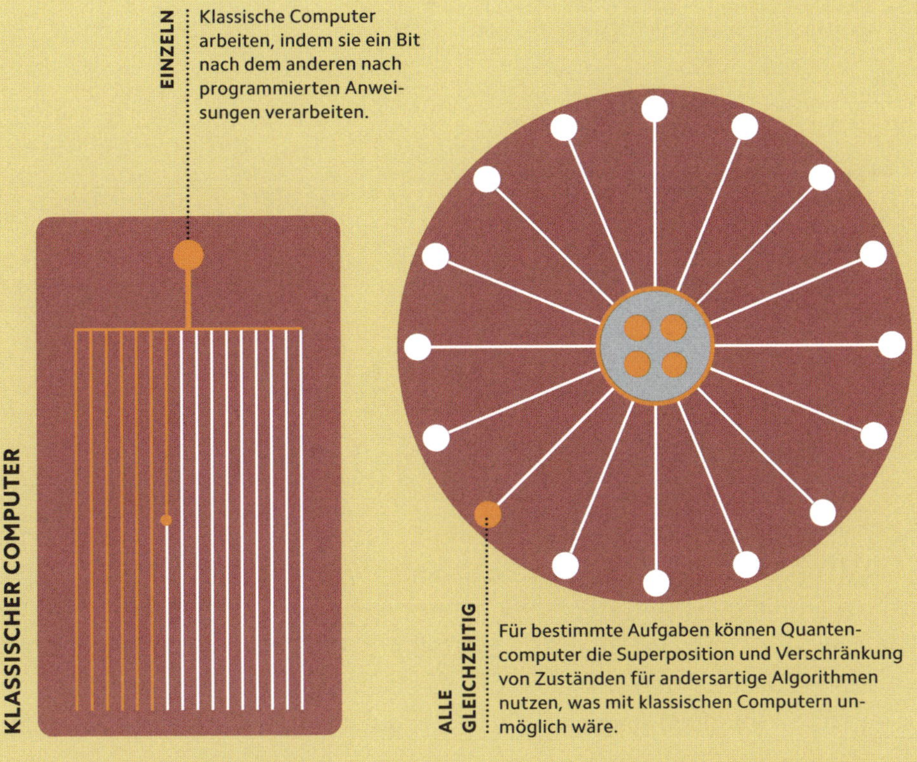

QUANTENCODES

Verschlüsselte Daten kann nur entschlüsseln und lesen, wer den Schlüssel besitzt. Die Quantenkryptografie nutzt Phänomene wie Superposition (siehe S. 38–39) oder Verschränkung (siehe S. 72–73) zum Übertragen eines Schlüssels. Das macht das heimliche Abhören unmöglich: Der Lauscher müsste den Quantenschlüssel messen, um ihn zu nutzen, aber bei der Messung kollabiert die gemeinsame Wellenfunktion der Quantenschlüssel, sodass die rechtmäßigen Nutzer den Angriff erkennen.

Abhörsicherer Schlüsselaustausch
Alice sendet eine Folge polarisierter Photonen an Bob. Alice und Bob konstruieren den geheimen »gesiebten Schlüssel« aus denjenigen Messungen, die sie mit zueinander passenden Polarisationen machten.

Bob verwendet Polarisationsfilter und einen Detektor, um Informationen aus den Photonen zu erhalten.

Um den gesiebten Schlüssel zu erzeugen, teilt Bob Alice die Folge seiner Filterstellungen mit, und sie ignorieren alle Messungen mit inkompatiblen Filtern.

Photonen werden mit Filtern polarisiert.

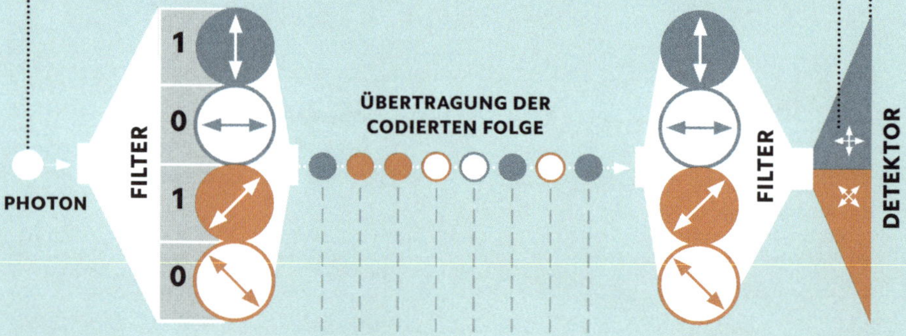

ALICE | **BOB**

ALICES FOLGE	1	1	1	0	0	1	0	1	
	✕	✕	✛	✕	✛	✕	✕	✛	**BOBS FILTERSTELLUNGEN**
	0	1	1	0	0	0	0	1	**BOBS MESSUNGEN**
ALICE PRÜFT BOBS FILTER	×	✓	×	✓	✓	×	✓	✓	
GESIEBTER SCHLÜSSEL	–	1	–	0	0	–	0	1	**GESIEBTER SCHLÜSSEL**

SIMULATOREN

Einige Systeme sind selbst für Supercomputer zu komplex – besonders Systeme mit Eigenschaften, die nicht klassisch simulierbar sind, etwa die Verschränkung. Sie lassen sich aber mit analogen Systemen realer Quantenteilchen simulieren, etwa ultrakalten Gasen. Während Quantencomputer theoretisch in Zukunft zur Lösung von Problemen programmiert werden können, nutzt man Quantensimulatoren bereits jetzt für wissenschaftliche Fragen.

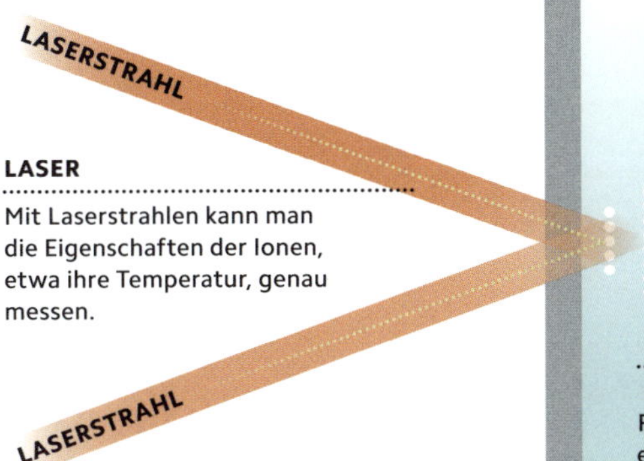

Ionenfallensimulator
Möglicherweise lassen sich magnetische Quantenwechselwirkungen mithilfe von festgehaltenen Ionen simulieren, deren Verhalten ähnlich ist. Das wäre mit klassischen Computern unmöglich.

KERN-
PHYSIK

An der Schwelle zum 20. Jh. stellte die Entdeckung, dass einige Atome Strahlung aussenden, die etablierte Annahme infrage, dass Atome – so genannt, weil sie als »unteilbar« galten – die grundlegenden Materiebausteine seien. Dies führte zur Entdeckung der Atomkerne und zur Erforschung der subatomaren Welt. Auf diesen Skalen ist die Quantenphysik nötig, um die auftretenden Phänomene zu erklären. Die Kernphysik ist die Disziplin, die den Atomkern (das dichte, positiv geladene Objekt im Zentrum des Atoms), seinen Aufbau und die mit ihm verbundenen Phänomene wie Radioaktivität, Kernspaltung und Kernfusion erforscht.

NEUTRONENEMISSION

Beim Zerfall kann auch ein Neutron aus dem Kern ausgestoßen werden.

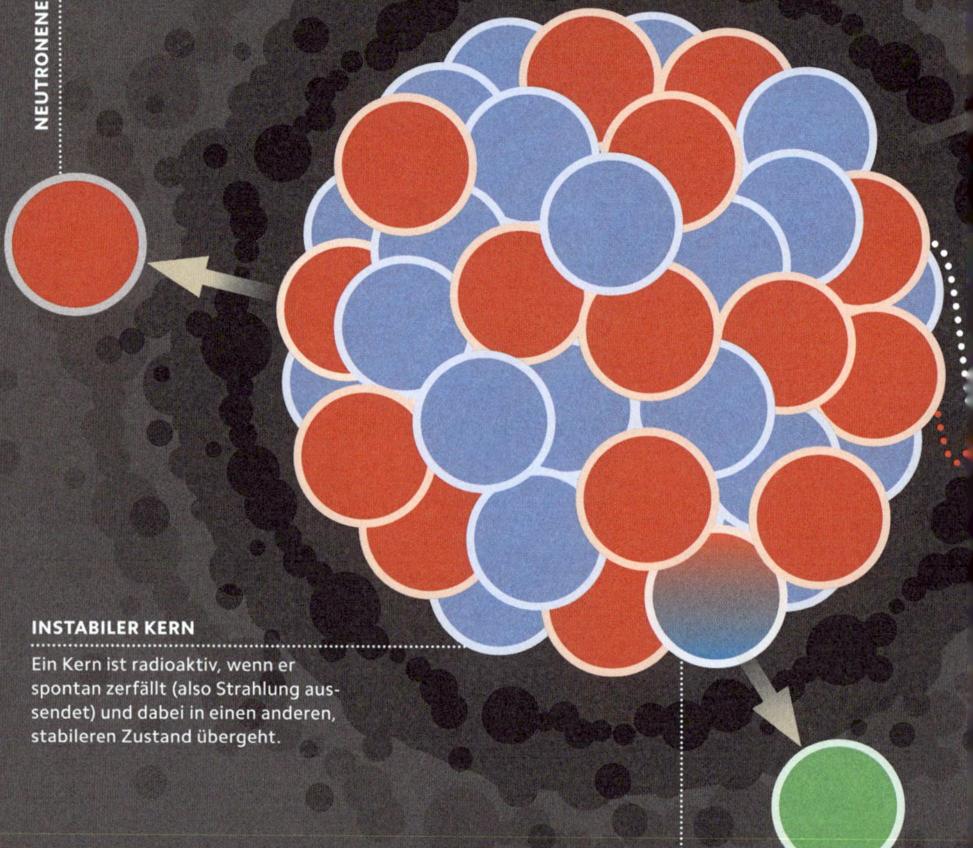

INSTABILER KERN

Ein Kern ist radioaktiv, wenn er spontan zerfällt (also Strahlung aussendet) und dabei in einen anderen, stabileren Zustand übergeht.

β BETATEILCHEN

Beim Beta-minus-Zerfall wandelt sich ein Neutron in ein Proton um, wobei ein Elektron und ein Elektron-Antineutrino ausgestoßen werden. Beim Beta-plus-Zerfall wandelt sich ein Proton in ein Neutron sowie ein Positron und ein Elektron-Neutrino um.

> **Radioaktivität entdeckte 1896 der Franzose Henri Becquerel bei Versuchen mit Röntgenstrahlen und phosphoreszierenden Stoffen.**

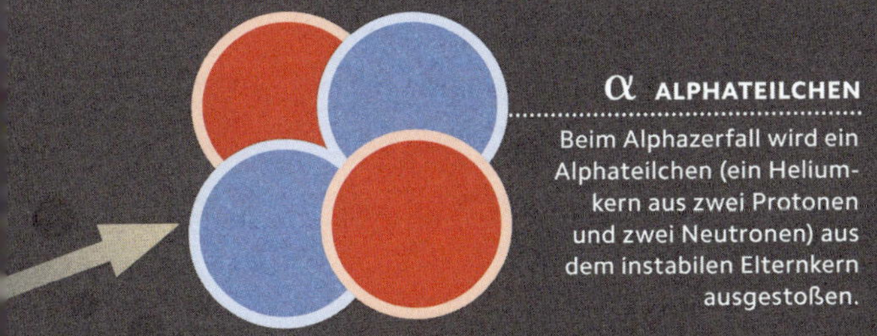

SUCHE NACH STABILITÄT

Radioaktivität ist die Emission (Abgabe) von Wellen oder Teilchen aus einem instabilen Atomkern. Dies geschieht, wenn ein Kern spontan in einen stabileren Zustand übergeht und dabei Energie abgibt. Die Zufallsnatur der Quantenwelt bedeutet, dass es unmöglich ist vorherzusagen, wann ein bestimmter einzelner Atomkern zerfällt, doch die Zerfälle einer großen Zahl gleichartiger Kerne lassen sich statistisch durch die Halbwertszeit beschreiben: die Zeit, die vergeht, bis die Hälfte der anfangs vorhandenen Kerne zerfallen ist.

Kernreaktion
Eine Kernspaltung wird induziert, indem man radioaktives Material (in Kernreaktoren meist Uran-235) mit Neutronen beschießt.

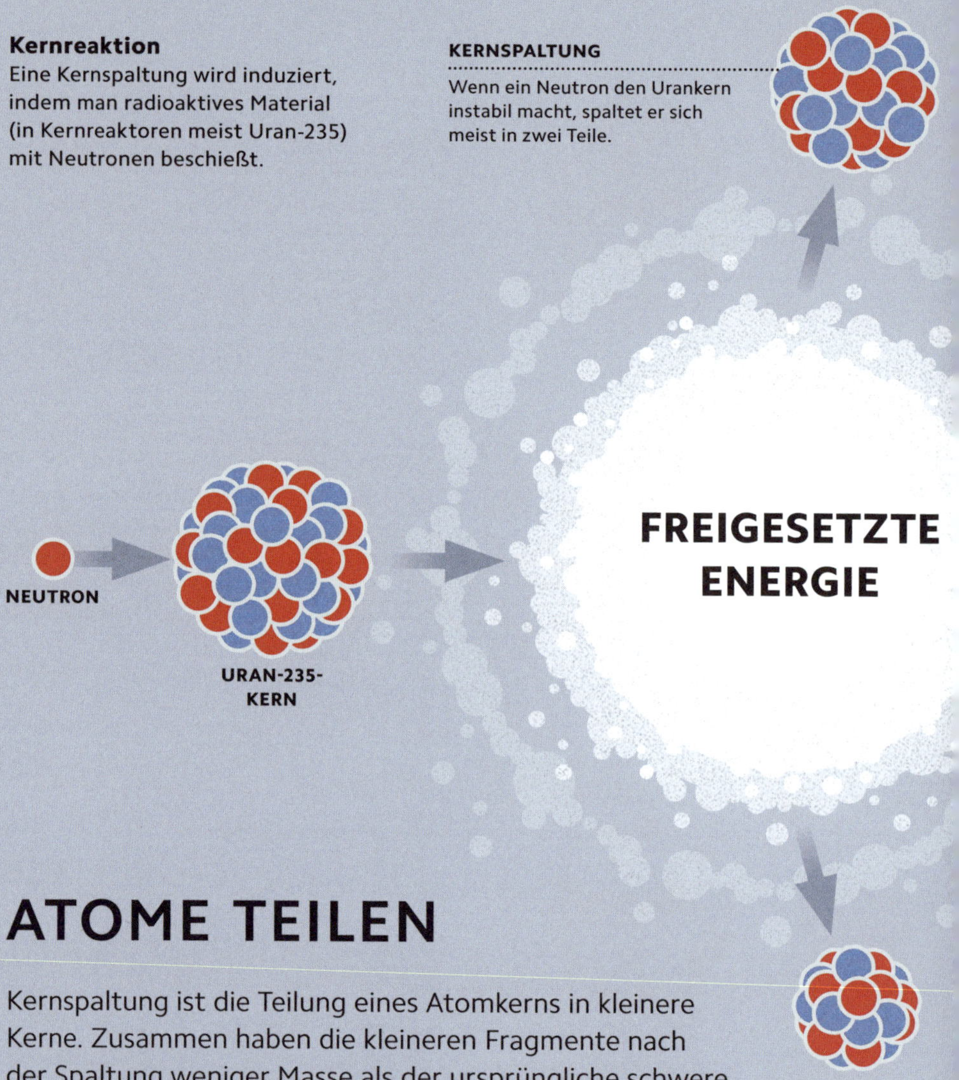

ATOME TEILEN

Kernspaltung ist die Teilung eines Atomkerns in kleinere Kerne. Zusammen haben die kleineren Fragmente nach der Spaltung weniger Masse als der ursprüngliche schwere Kern – die fehlende Masse wird in Energie umgewandelt. Neutronen, die bei der Spaltung frei werden, können mit anderen Kernen kollidieren und diese zur Spaltung anregen. Dann kann es zu einer Kettenreaktion kommen, etwa in Kernreaktoren oder Atombomben.

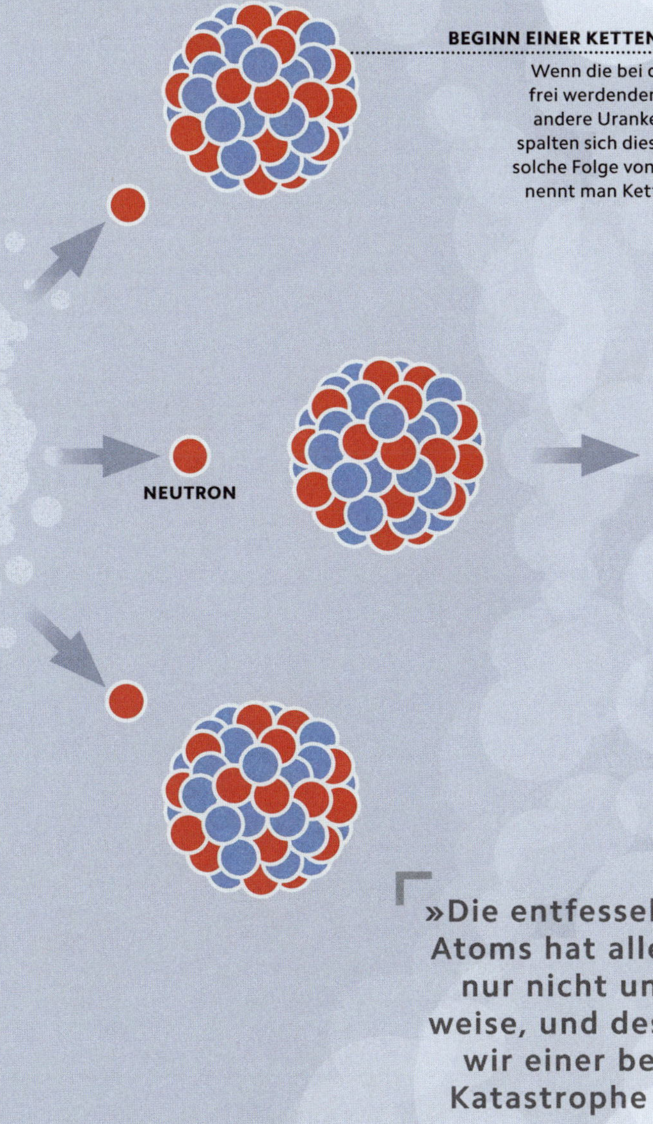

BEGINN EINER KETTENREAKTION

Wenn die bei der Spaltung frei werdenden Neutronen andere Urankerne treffen, spalten sich diese auch; eine solche Folge von Spaltungen nennt man Kettenreaktion.

KETTEN-REAKTION

> »Die entfesselte Macht des Atoms hat alles verändert, nur nicht unsere Denkweise, und deshalb treiben wir einer beispiellosen Katastrophe entgegen.«
>
> Albert Einstein

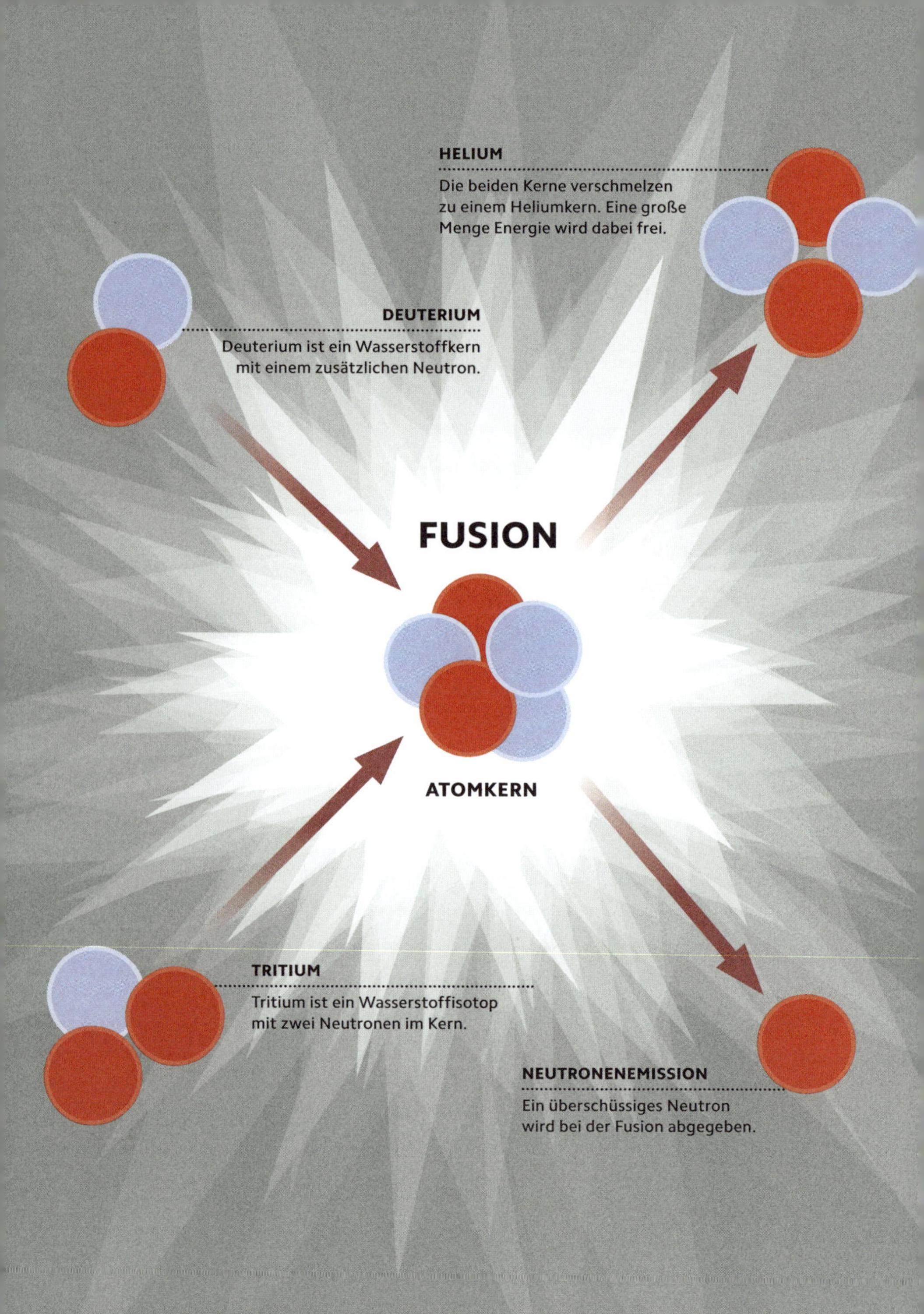
HELIUM
Die beiden Kerne verschmelzen zu einem Heliumkern. Eine große Menge Energie wird dabei frei.
DEUTERIUM
Deuterium ist ein Wasserstoffkern mit einem zusätzlichen Neutron.
FUSION
ATOMKERN
TRITIUM
Tritium ist ein Wasserstoffisotop mit zwei Neutronen im Kern.
NEUTRONENEMISSION
Ein überschüssiges Neutron wird bei der Fusion abgegeben.

ENERGIE

ERSCHAFFUNG DER ELEMENTE

Die Kernfusion in Sternen ist für die Vielzahl der Elemente im Universum verantwortlich. Schwere Elemente entstehen beim Kollaps sterbender Sterne, bei der Verschmelzung von Neutronensternen oder anderen astrophysikalischen Ereignissen hoher Energie.

ATOME VERSCHMELZEN

Bei der Kernfusion verschmelzen zwei oder mehr Atomkerne zu einem größeren. Leichte Kerne verlieren beim Fusionieren einen kleinen Teil ihrer Masse, der als Energie abgegeben wird. Die abstoßenden elektrischen Coulomb-Kräfte zwischen den positiv geladenen Kernen machen eine Fusion fast unmöglich, außer unter extremsten Bedingungen wie im Inneren von Sternen. Dann können Kerne durch die Coulomb-Barriere tunneln (siehe S. 71) und sich für eine Fusion nahe genug kommen.

»Ich wünsche mir, dass die Kernfusion eine machbare Energiequelle wird. Sie wäre unerschöpflich ohne Umweltverschmutzung oder Klimawandel.«

Stephen Hawking

TEILCH
PHYSIK

E N -

Die Teilchenphysik beschäftigt sich mit dem Studium der fundamentalen Objekte und Kräfte der Natur. Im 20. Jh. ermöglichte die Entdeckung eines »Zoos« von elementaren und zusammengesetzten Teilchen den Wissenschaftlern, die bisher erfolgreichste Theorie zum Verständnis der Teilchenphysik aufzustellen: das Standardmodell. Demnach besteht Materie aus zwölf Elementarteilchen (Fermionen), während drei Quantenwechselwirkungen (die starke, die schwache und die elektromagnetische Kraft) von Austauschteilchen oder Trägerteilchen (Bosonen) vermittelt werden. Nach der Quantenfeldtheorie sind all diese Teilchen Anregungen der zugrunde liegenden Quantenfelder.

JAGD NACH FLÜCHTIGEN TEILCHEN

Objekte auf Quantenskalen sind nicht sichtbar, aber Teilchendetektoren wie Nebelkammern und Blasenkammern können ihre Bahnen sichtbar machen. In einer Nebelkammer rasen ionisierende Teilchen durch eine mit Dampf gefüllte Kammer und erzeugen ionisierte Atome, um die der Dampf kondensiert, sodass ihre Spur sichtbar wird. Magnetische und elektrische Felder zwingen die Teilchen auf charakteristisch gekrümmte Bahnen, aus denen man Eigenschaften wie ihre Masse oder Ladung bestimmen kann.

BLASEN-KAMMER

Blasenkammern enthalten überhitzte Flüssigkeiten, in denen sich Gasblasen an ionisierten Stellen formen und so die Teilchenbahnen sichtbar machen.

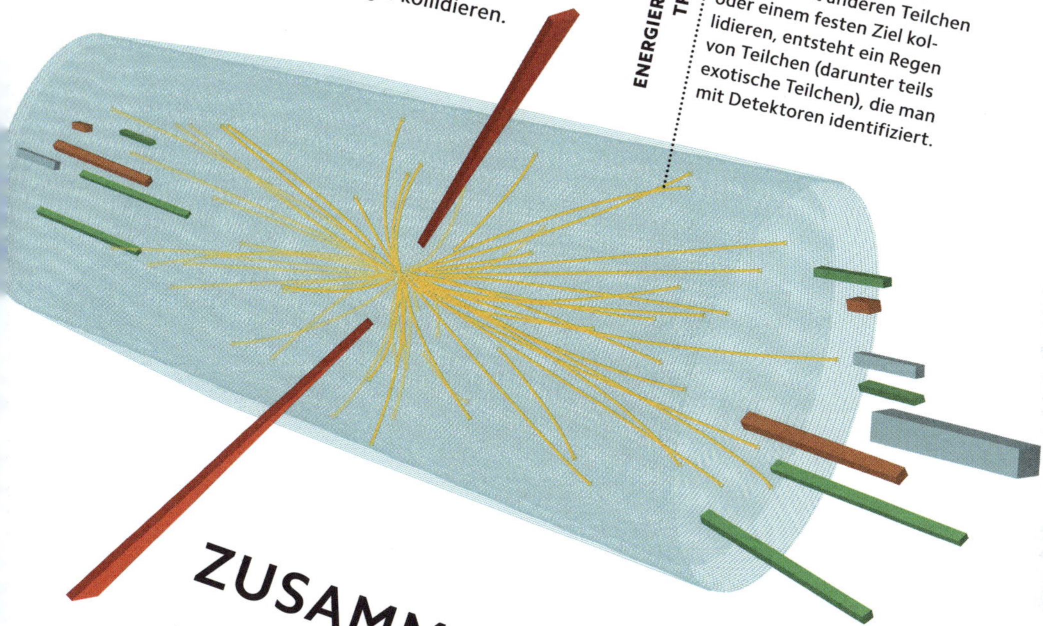

ZUSAMMENSTÖSSE

In Teilchenbeschleunigern kollidieren Teilchen mit extremen Energien, damit Physiker die kleinsten Objekte der Welt erforschen können. Moderne Beschleuniger nutzen wechselnde elektromagnetische Felder, um geladene Teilchen auf Bahnen zu halten, bis auf fast Lichtgeschwindigkeit zu beschleunigen und dann in Ziele einschlagen zu lassen. Die Kollision reißt Teilchen auseinander oder lässt sie verschmelzen, und bei extremen Energien entsteht exotische Materie, die kurz nach dem Urknall existierte.

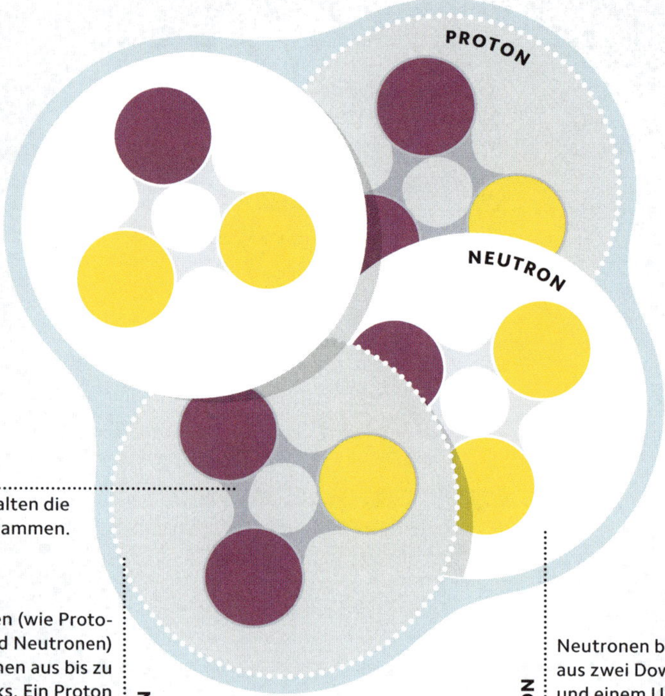

KLEINER ALS EIN ATOM

Atome bestehen aus elementaren Materieteilchen wie Quarks. Es gibt sechs Typen oder Flavours (engl. für »Geschmackssorten«): Up, Down, Strange, Charm, Top und Bottom. Quarks haben ein besonderes Merkmal, die sogenannte Farbladung (siehe S. 135), die mit Farben im Alltagssinn aber nichts zu tun hat. Farbladungen treten nie isoliert auf, sodass Quarks stets »farblose« zusammengesetzte Teilchen wie Protonen bilden, die durch die starke Wechselwirkung gebunden sind.

KEINE STARKE KRAFT

Leptonen sind der andere Typ elementarer Materieteilchen (siehe S. 12–13). Man gruppiert sie in drei Generationen und zwei Klassen: geladene Leptonen (Elektron, Myon und Tauon) und elektrisch neutrale Neutrinos (Elektron-Neutrino, Myon-Neutrino und Tau-Neutrino). Alle Quarks und Leptonen haben einen halbzahligen Spin. Leptonen unterliegen nicht der starken Wechselwirkung. Während geladene Leptonen oft mit anderen Teilchen elektromagnetisch wechselwirken, nennt man Neutrinos auch Geisterteilchen, da sie kaum wechselwirken und ihre Umgebung nur durch die schwache Kraft beeinflussen.

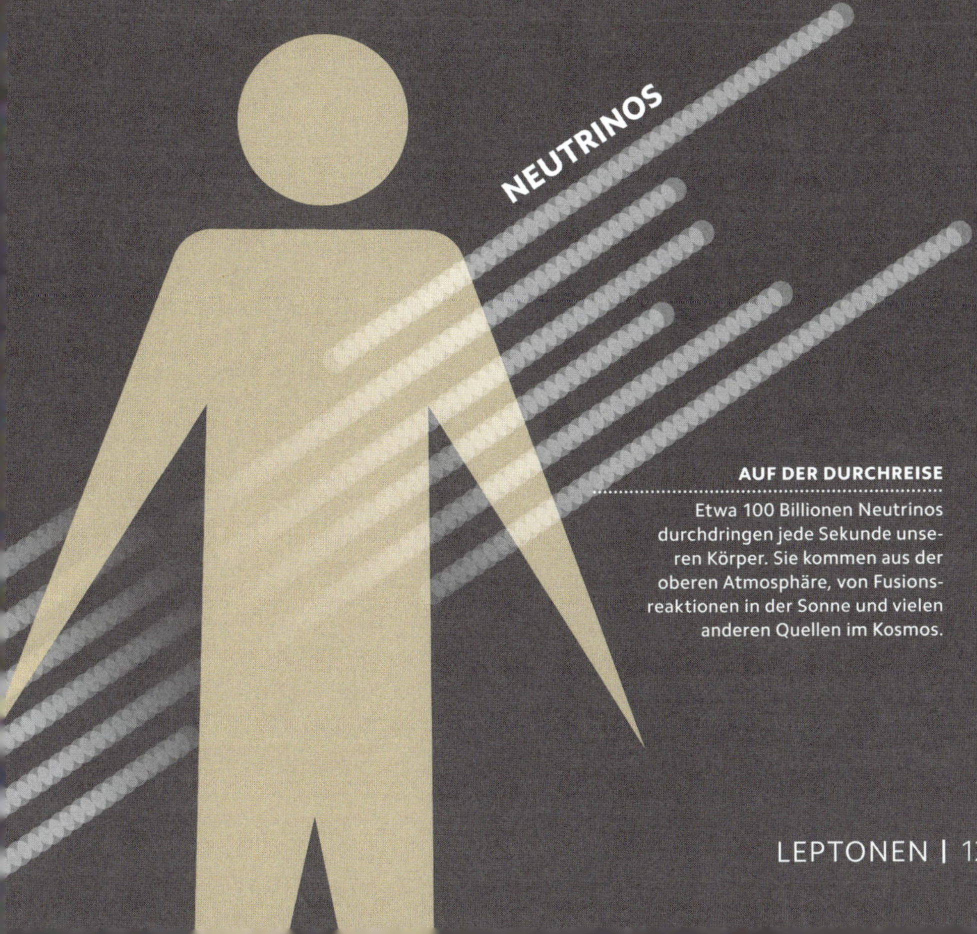

AUF DER DURCHREISE

Etwa 100 Billionen Neutrinos durchdringen jede Sekunde unseren Körper. Sie kommen aus der oberen Atmosphäre, von Fusionsreaktionen in der Sonne und vielen anderen Quellen im Kosmos.

ORDNUNG IN DER QUANTENWELT

Das Standardmodell ist die erfolgreichste Theorie, um die Quantenwelt zu ordnen. Es beschreibt alles als Wechselwirkungen zwischen elementaren Materieteilchen (Fermionen), Träger- oder Austauschteilchen der Grundkräfte (Bosonen) und dem Higgs-Boson (siehe S. 12–13). Trotz des Erfolgs der Theorie, Ergebnisse von Experimenten vorherzusagen, gilt sie als unfertig, da sie einige Phänomene bisher noch nicht erklären kann (siehe S. 130–131).

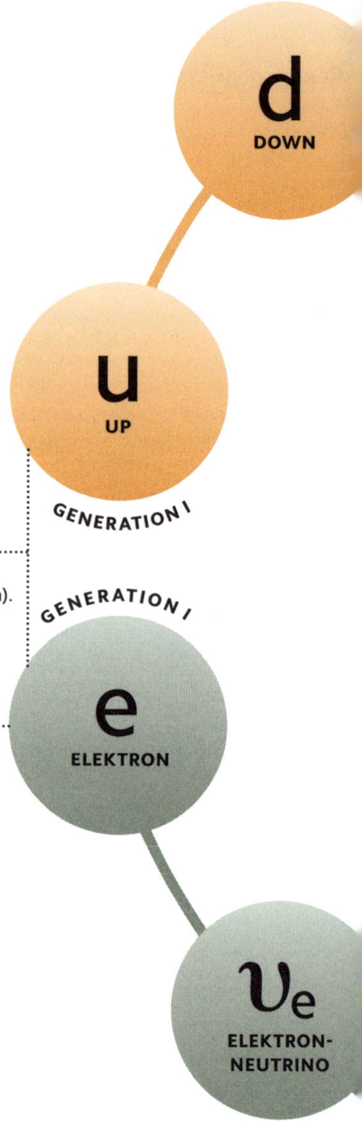

MATERIEBAUSTEINE

Leptonen und Quarks sind Fermionen (d.h., sie haben einen halbzahligen Spin). Sie sind die kleinsten Bausteine der Materie.

LEPTONEN

Leptonen fallen in drei Generationen und zwei Typen: geladen und neutral. Die geladenen Leptonen sind die Elektronen, Myonen und Tauonen. Die Neutrinos sind neutral.

> **»Das Standardmodell ist so komplex, dass es kaum auf ein T-Shirt passt – es ist aber nicht unmöglich, wenn man ziemlich klein schreibt.«**
>
> Steven Weinberg

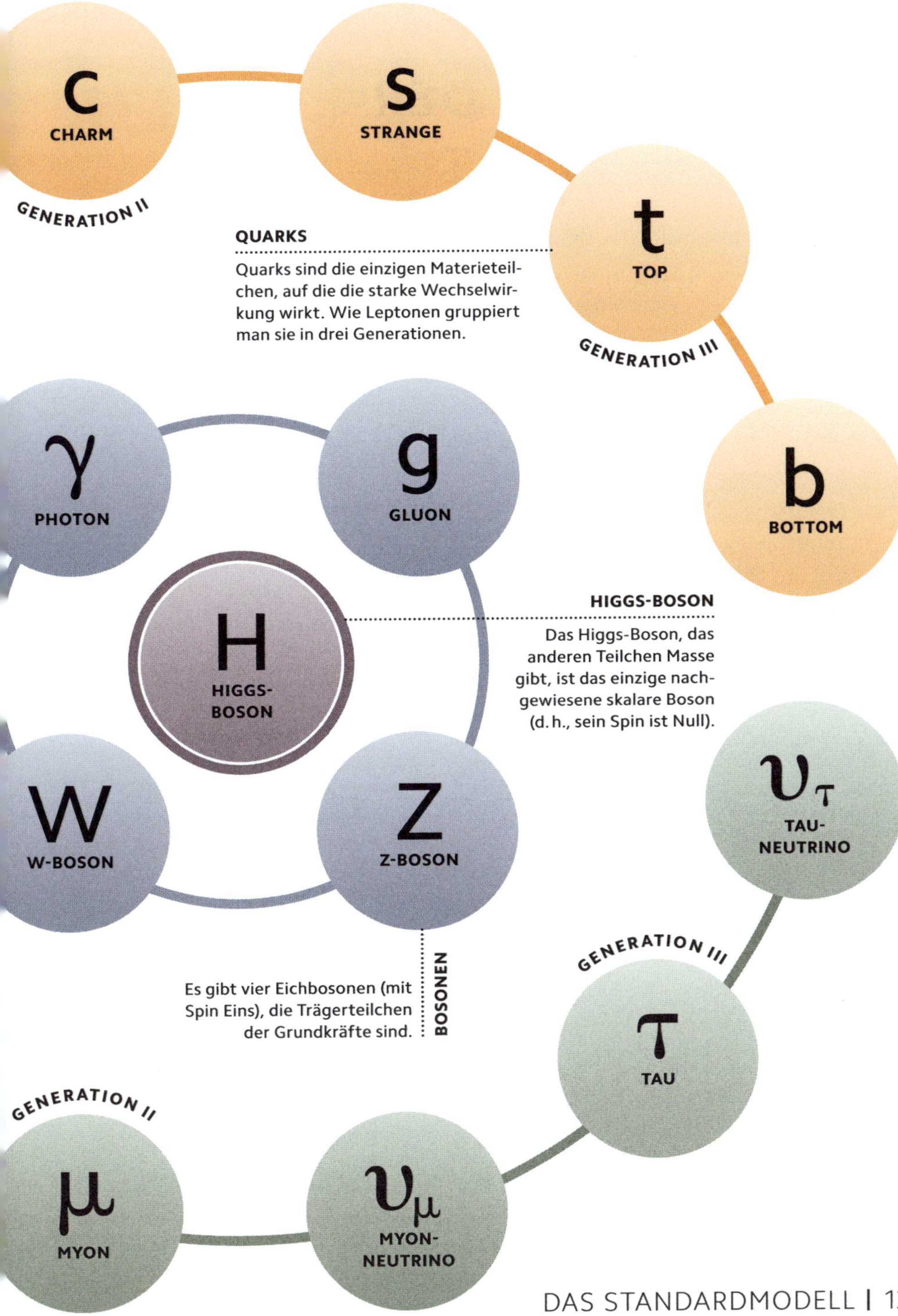

QUARKS

Quarks sind die einzigen Materieteilchen, auf die die starke Wechselwirkung wirkt. Wie Leptonen gruppiert man sie in drei Generationen.

HIGGS-BOSON

Das Higgs-Boson, das anderen Teilchen Masse gibt, ist das einzige nachgewiesene skalare Boson (d. h., sein Spin ist Null).

BOSONEN

Es gibt vier Eichbosonen (mit Spin Eins), die Trägerteilchen der Grundkräfte sind.

TRÄGER DER GRUNDKRÄFTE

Die Quantenphysik vereinigt erfolgreich drei der vier fundamentalen Wechselwirkungen: elektromagnetische, schwache und starke Kraft. Materieteilchen wechselwirken durch den Austausch von Eichbosonen (Spin-1-Bosonen), auch Austausch-, Träger- oder Kraftteilchen genannt. Der Elektromagnetismus wird von Photonen vermittelt, die schwache Kraft von W- und Z-Bosonen und die starke Kraft von Gluonen.

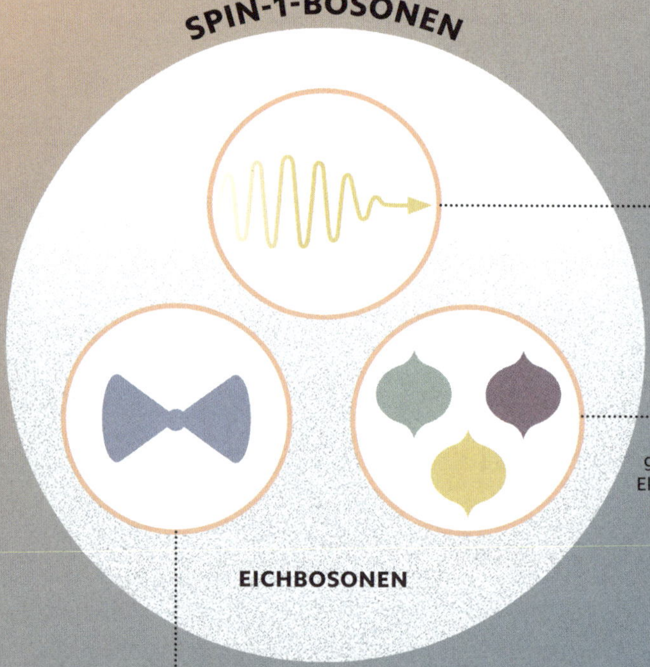

Photonen sind die kleinstmöglichen Lichtpakete und die Austauschteilchen der elektromagnetischen Wechselwirkung.

PHOTON

W^+-, W^-- UND Z-BOSON

Die W- und Z-Bosonen gehören zu den schwersten Elementarteilchen. W-Bosonen haben eine elektrische Ladung, während sich das neutrale Z^0-Boson wie ein Photon mit Masse verhält.

GLUON

Gluonen, die Trägerteilchen der starken Kraft, binden Quarks zu zusammengesetzten Teilchen, die man Hadronen nennt, etwa Protonen oder Neutronen.

Fundamentale Wechselwirkungen

Die hier gezeigten Eichbosonen sind die, die im Standardmodell (siehe S. 124–125) vorkommen. Jenseits des Standardmodells könnte auch die vierte Grundkraft (die Gravitation) von einem Boson, dem Graviton, vermittelt werden.

Higgs-Wechselwirkung
Die Wechselwirkung eines Teilchens mit dem Higgs-Feld behindert die Bewegung des Teilchens und erzeugt damit dessen Masse. Andernfalls würden alle Teilchen mit Lichtgeschwindigkeit herumsausen.

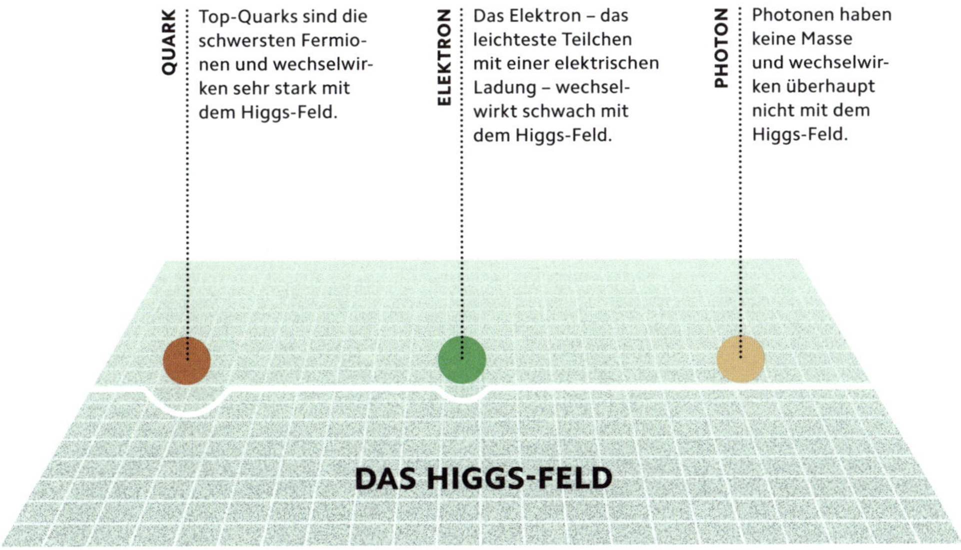

WO DIE MASSE HERKOMMT

Das Standardmodell enthält ein Skalarboson (Spin-0-Boson), das Higgs-Boson. Es ist das Teilchen, das mit dem Higgs-Feld assoziiert ist: einem Feld, das den gesamten Raum durchdringt und das den Teilchen ihre Masse gibt. Je stärker ein Teilchen mit diesem Feld wechselwirkt, desto größer ist seine Masse. Teilchen, die mit dem Higgs-Feld gar nicht wechselwirken (etwa Photonen), sind masselos.

Materie
Wasserstoff ist gewöhnliche Materie: Ein Proton besteht aus zwei Up-Quarks und einem Down-Quark, umgeben von einem einzelnen Elektron.

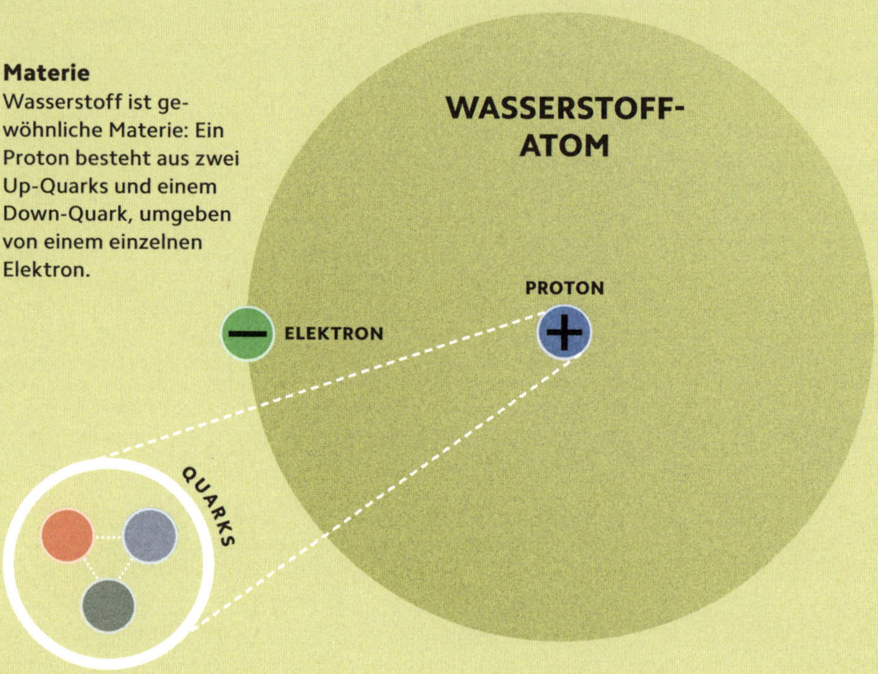

DAS GEGENSTÜCK ZUR MATERIE

Antimaterie besteht aus Antiteilchen, die die gleiche Masse, aber eine umgekehrte elektrische Ladung (und andere Quantenmerkmale) gegenüber den gewöhnlichen Materieteilchen haben. So hat ein Positron die gleiche Masse wie ein Elektron und eine gleich große Ladung, aber mit umgekehrtem Vorzeichen. Treffen ein Teilchen und sein Antiteilchen zusammen, dann vernichten sie sich gegenseitig zu einem Energieblitz. Warum im Universum gewöhnliche Materie überwiegt, ist ein ungelöstes Rätsel der Physik.

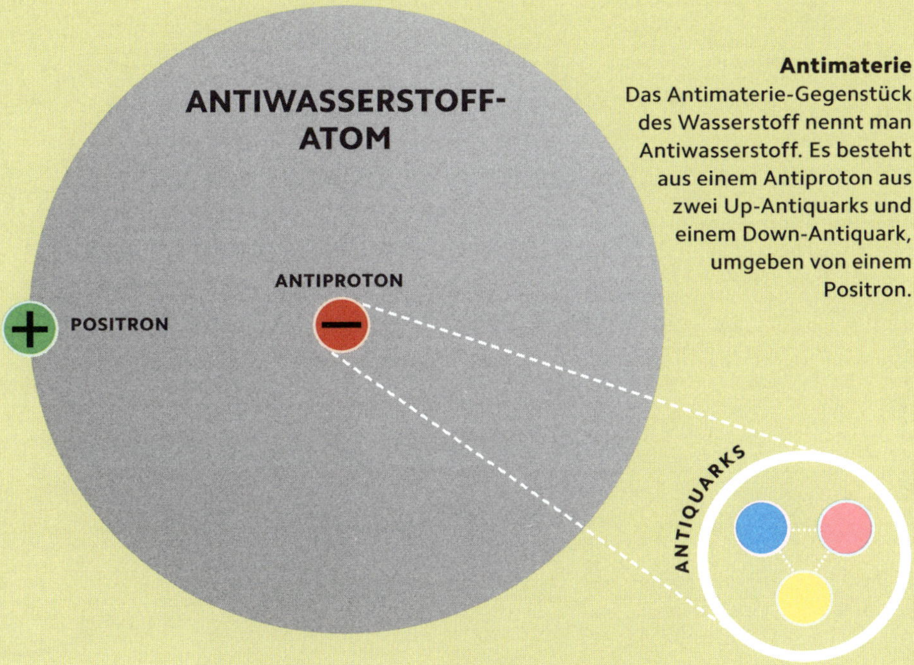

Antimaterie
Das Antimaterie-Gegenstück des Wasserstoff nennt man Antiwasserstoff. Es besteht aus einem Antiproton aus zwei Up-Antiquarks und einem Down-Antiquark, umgeben von einem Positron.

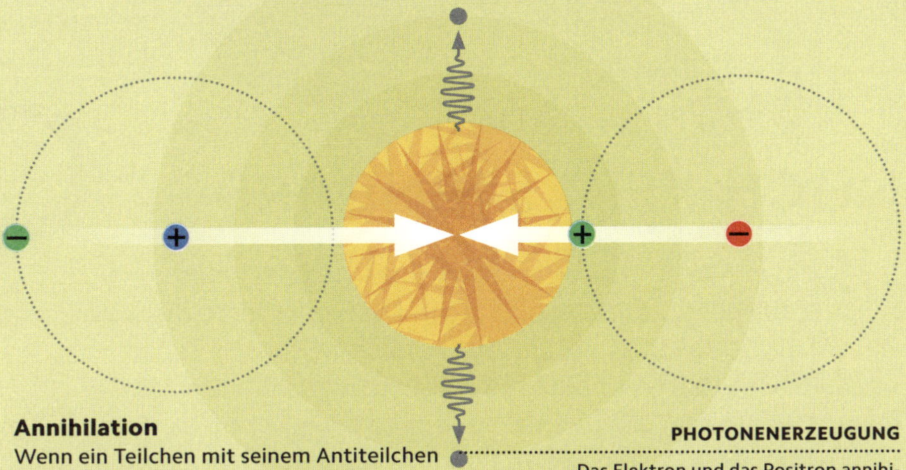

Annihilation
Wenn ein Teilchen mit seinem Antiteilchen zusammenkommt, dann annihilieren sie, d. h., sie vernichten sich und werden zu reiner Energie in Form von Eichbosonen.

PHOTONENERZEUGUNG
Das Elektron und das Positron annihilieren, wobei zwei Photonen entstehen, deren Gesamtenergie so groß ist wie die Energien und Massen der beiden Teilchen.

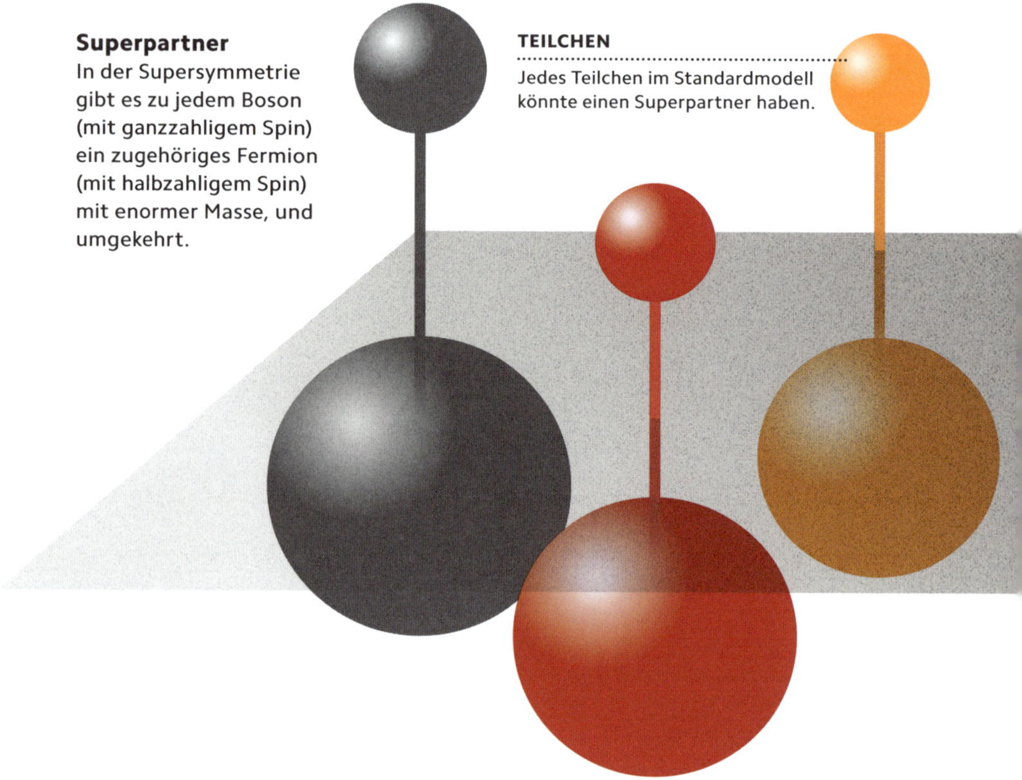

NOCH KEIN STANDARD

Das Standardmodell lässt viele Rätsel ungelöst. So umfasst es die Schwerkraft oder Dunkle Materie nicht. Die Supersymmetrie wäre eine mögliche Erweiterung. Sie sagt für jede Teilchenart supersymmetrische Partner voraus, die die gleichen Quantenzahlen mit Ausnahme des Spins haben. Das würde einige Probleme des Standardmodells lösen und z. B. einen Kandidaten für die Dunkle Materie liefern. Man erforscht die Physik jenseits des Standardmodells mit hochenergetischen Teilchenbeschleunigern (siehe S. 121).

SUPERSYMMETRISCHE PARTNER

Die hypothetischen supersymmetrischen Teilchen werden nach ihren Partnern benannt: So wären Squarks die supersymmetrischen Partner der Quarks.

»Der Ursprung der Schwerkraft ist generell unbekannt. Ist sie ein exotisches Teilchen? Niemand weiß es. Lässt Dunkle Energie das Universum expandieren? Niemand weiß es.«

Neil deGrasse Tyson

UNIVERSELLE FELDER

Die Quantenfeldtheorie (QFT) ist eine allgemeine Rahmentheorie, die alle Teilchen als Rippeln im zugrunde liegenden Quantenfeld beschreibt. So existiert ein Elektron dann, wenn das Elektronfeld über einen bestimmten Grenzwert hinweg angeregt ist. Aufgrund des Unbestimmtheitsprinzips (siehe S. 42–43) »wabern« diese Felder andauernd, sodass Teilchen und Antiteilchen aus dem Nichts entstehen und augenblicklich wieder verschwinden. Dieser theoretische Rahmen überspannt Theorien wie das Standardmodell (siehe S. 124–125).

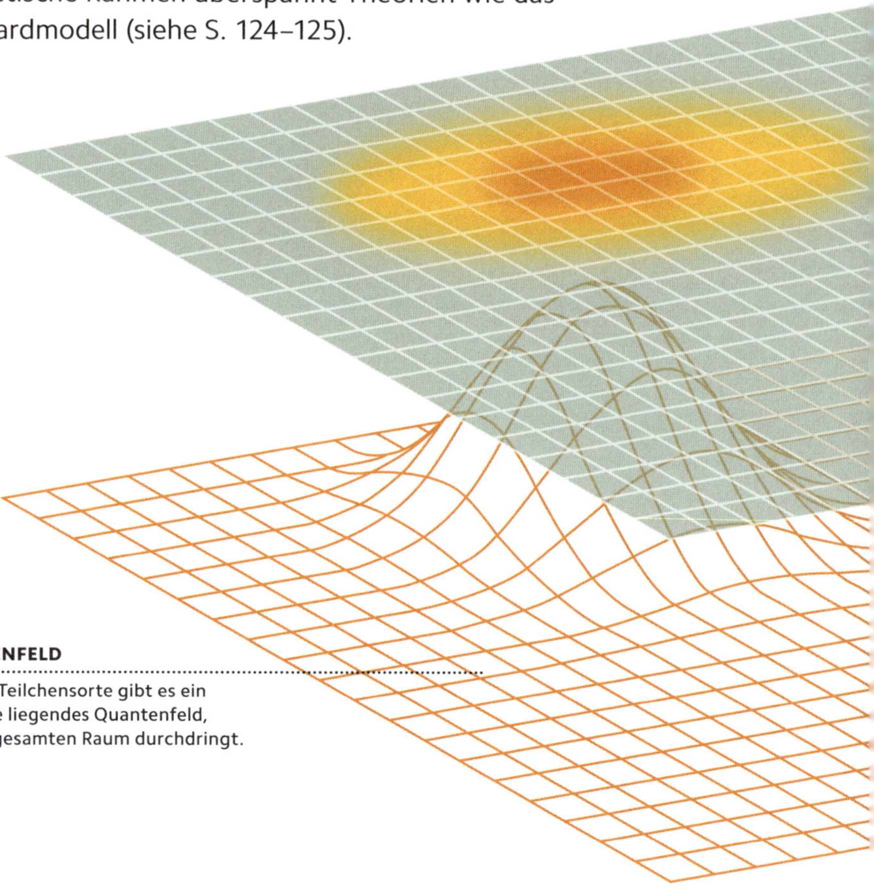

QUANTENFELD

Zu jeder Teilchensorte gibt es ein zugrunde liegendes Quantenfeld, das den gesamten Raum durchdringt.

»Die Quantenfeldtheorie, geboren … aus der Heirat von Quantenmechanik und Relativitätstheorie, ist ein schönes, aber nicht sehr kräftiges Kind.«
Steven Weinberg

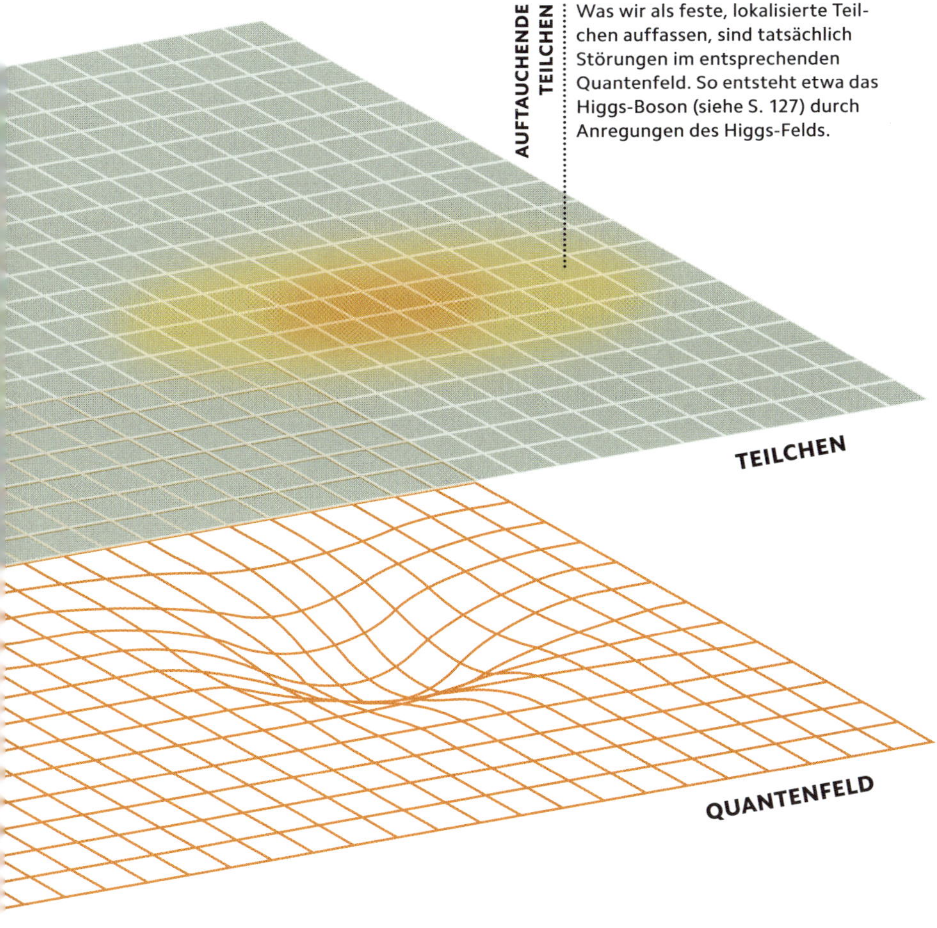

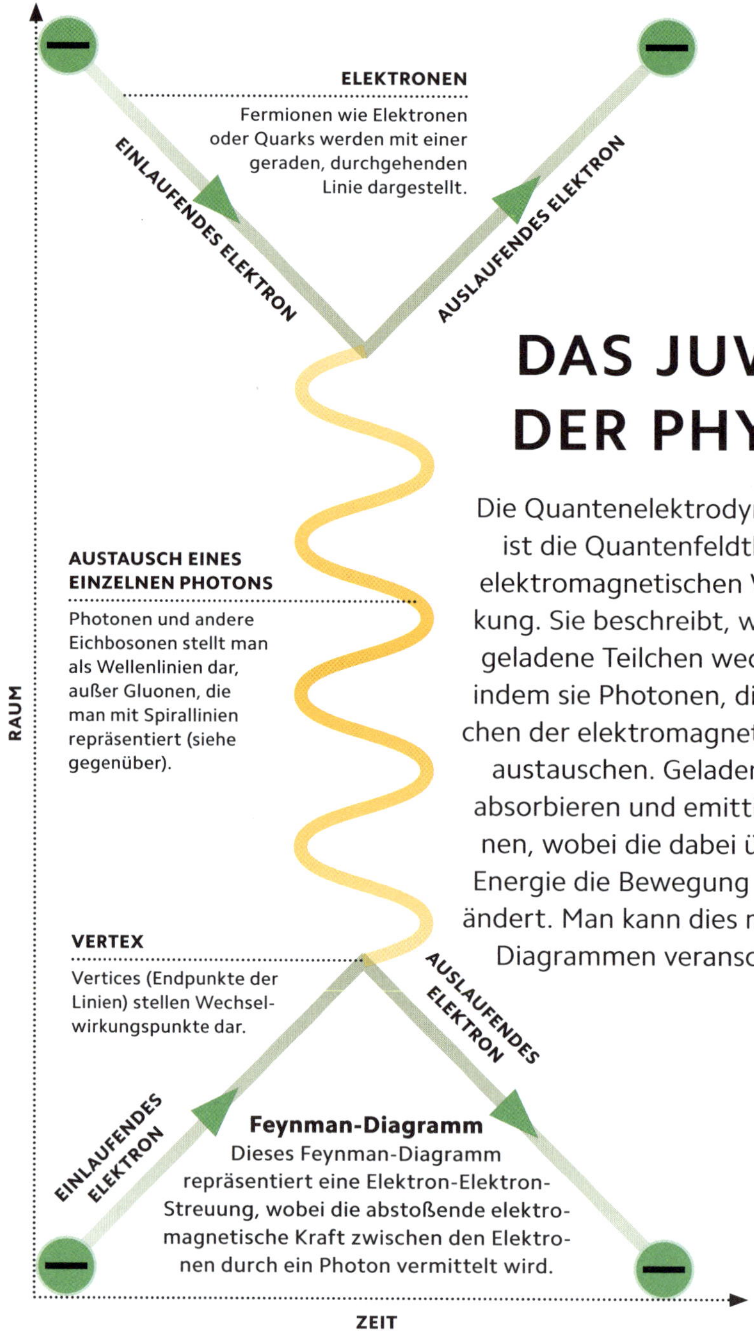

Feynman-Diagramm
Dieses Feynman-Diagramm repräsentiert eine Elektron-Elektron-Streuung, wobei die abstoßende elektromagnetische Kraft zwischen den Elektronen durch ein Photon vermittelt wird.

DAS JUWEL DER PHYSIK

Die Quantenelektrodynamik (QED) ist die Quantenfeldtheorie der elektromagnetischen Wechselwirkung. Sie beschreibt, wie elektrisch geladene Teilchen wechselwirken, indem sie Photonen, die Trägerteilchen der elektromagnetischen Kraft, austauschen. Geladene Teilchen absorbieren und emittieren Photonen, wobei die dabei übertragene Energie die Bewegung der Teilchen ändert. Man kann dies mit Feynman-Diagrammen veranschaulichen.

MESON (QUARK-ANTIQUARK-PAAR)

Ein Meson besteht aus einem Quark und einem Antiquark (siehe S. 128–129), die durch die starke Wechselwirkung gebunden sind. Die Quarks haben entgegengesetzte Farbladungen, sodass das Meson farbneutral ist.

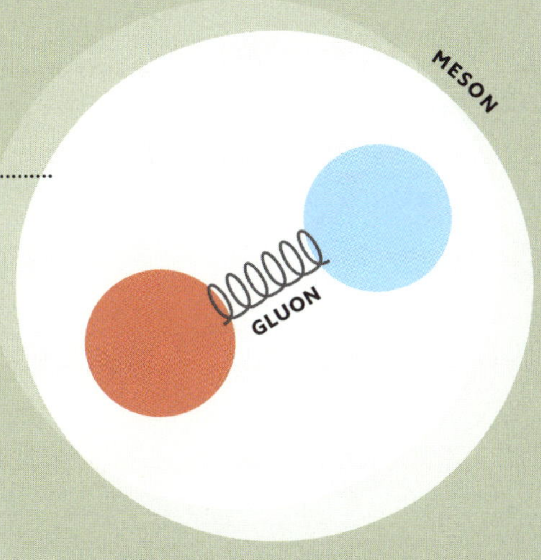

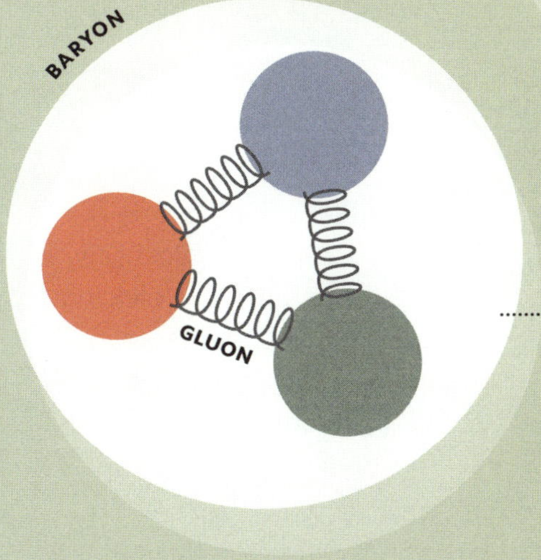

BARYON (UNGERADE QUARKZAHL)

Ein Baryon besteht aus drei Quarks. So sind im Proton zwei Up-Quarks und ein Down-Quark durch die starke Wechselwirkung gebunden. Alle drei Farbladungen (Rot, Blau und Grün genannt) sind vorhanden, was es insgesamt farblos macht.

DREIFARBIGE QUARKS

Die Quantenchromodynamik (QCD) ist die Quantenfeldtheorie der starken Wechselwirkung, die über den Austausch von Gluonen zwischen Quarks vermittelt wird (siehe S. 122). Sie hat viele Parallelen zur QED (siehe gegenüber) – mit Gluonen anstelle von Photonen und einer sogenannten Farbladung statt der elektrischen Ladung. Doch sie hat einige einzigartige Merkmale, etwa das Phänomen des Confinements (»Einschluss«), nach dem Farbladungen nur in farbneutralen Kombinationen auftreten, und die extrem geringe Reichweite von etwa 10^{-15} m.

QUANT
GRAVIT

EN-
ATION

Im 20. Jh. entstanden zwei revolutionäre Theorien: die Allgemeine Relativitätstheorie und die Quantenmechanik. Die Allgemeine Relativitätstheorie beschreibt die Physik auf astronomischen Größenskalen und sieht die Gravitation (Schwerkraft) als geometrische Eigenschaft der Raumzeit, die durch Massen und Energien gekrümmt wird. Die Quantenmechanik aber beschreibt die Materie auf Größenordnungen, auf denen die Gravitation unbedeutend erscheint. Physiker hoffen, beide Theorien zu vereinen, indem sie die Gravitation mit quantenmechanischen Prinzipien beschreiben. Die populärsten Quantengravitationstheorien sind die Stringtheorie und die Schleifenquantengravitation.

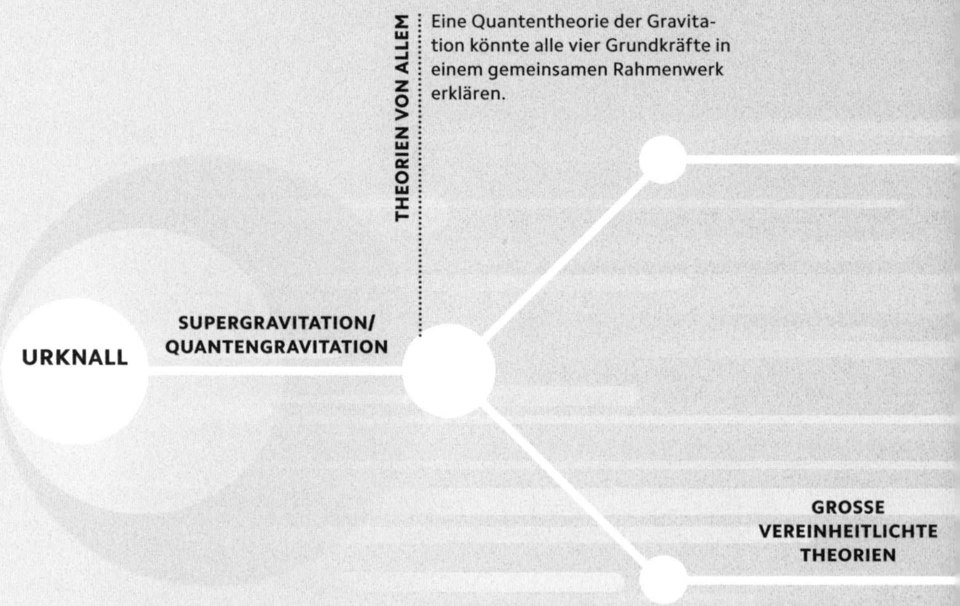

Alles in einem
Eine Theorie von Allem sagt vorher, dass bei extrem hohen Energien – wie kurz nach dem Urknall – alle vier Grundkräfte zu einer »Superkraft« vereint sind.

ALLE KRÄFTE ZUSAMMEN

Im 20. Jh. entstanden in der Physik zwei Rahmentheorien: Quantenmechanik und Allgemeine Relativitätstheorie. Könnte man beide zu einer einzigen vereinheitlichen, würde sie sämtliche Phänomene des Universums beschreiben: eine Theorie von Allem. Das ist eine Herkulesaufgabe, weil nach der Relativitätstheorie die Gravitation keine Kraft ist, sondern eine Eigenschaft der Raumzeit (siehe S. 23). Alle Versuche, sie (wie die anderen Grundkräfte) als Quantenkraft zu formulieren, sind bisher gescheitert.

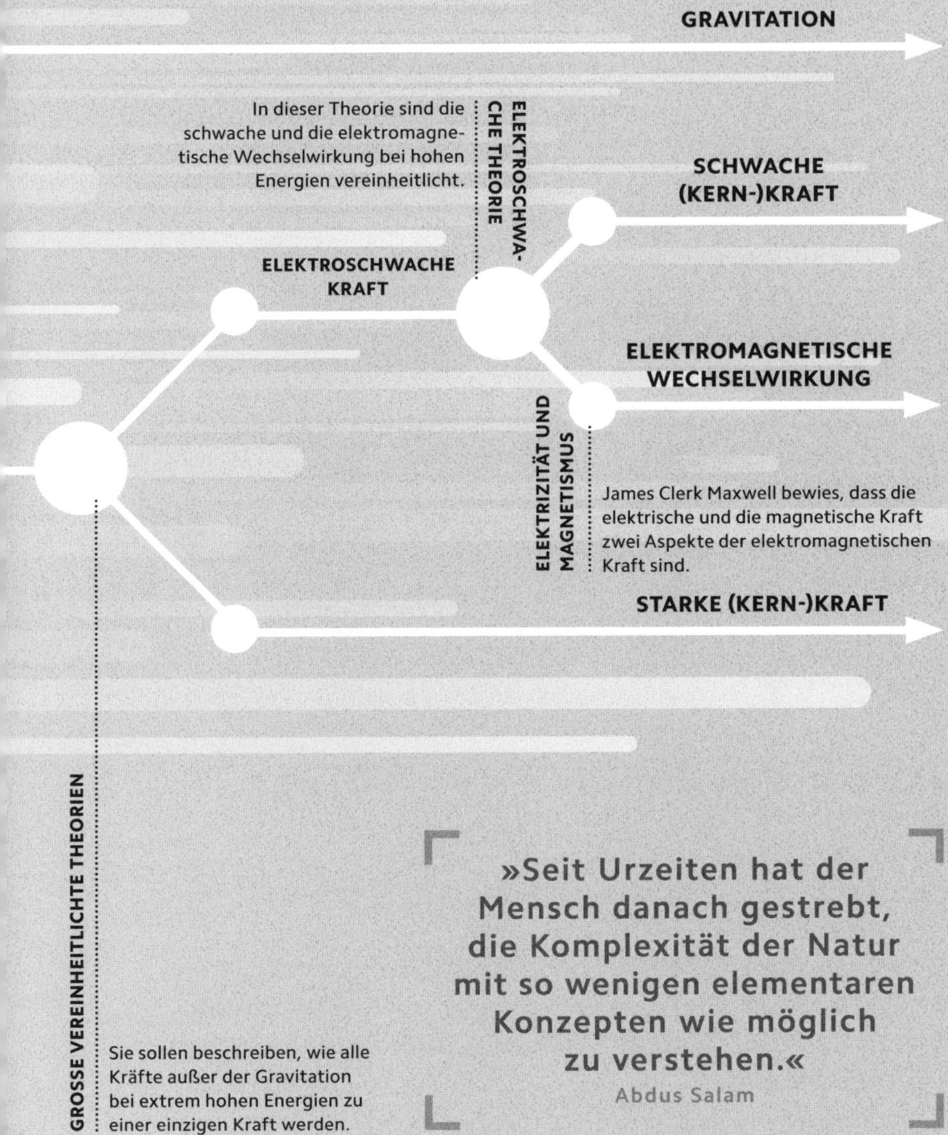

»Seit Urzeiten hat der Mensch danach gestrebt, die Komplexität der Natur mit so wenigen elementaren Konzepten wie möglich zu verstehen.«

Abdus Salam

QUANTENSCHAUM

Unter extremen Verhältnissen wie im Zentrum eines Schwarzen Lochs oder in den Momenten nach dem Urknall versagen die gut getesteten Gesetze der Physik: die Allgemeine Relativitätstheorie und die Quantenphysik. Auf diesen Größenordnungen – der Planck-Skala – erwarten Physiker, dass sich die Quantengravitation bemerkbar macht. Die extremen Größen auf dieser Skala werden mit Einheiten wie der Planck-Länge (etwa 10^{-35} m) und der Planck-Zeit (etwa $5 \cdot 10^{-44}$ s) gemessen. Eine Planck-Länge ist im Vergleich zur Größe eines Atoms etwa so groß wie ein Fußballfeld im Vergleich zum gesamten Universum.

ES GIBT KEINEN LEEREN RAUM

Auf Planck-Skalen könnte die Raumzeit (siehe S. 23) nicht glatt und leer sein, sondern voller Fluktuationen.

> »In jeder Disziplin suche die seltsamsten Dinge und erforsche sie dann.«
>
> John Wheeler

Raumzeit-blasen

In Quantengravitationsmodellen besteht die Raumzeit aus winzigen Regionen, in denen die Dimensionen wie schäumende Blasen auftauchen und gleich wieder vergehen. Das Unbestimmtheitsprinzip (siehe S. 42–43) erlaubt dies auf Größenordnungen der Planck-Länge und der Planck-Zeit.

Geschlossene vibrierende Strings
Ein geschlossener String ist eine Schleife ohne Endpunkte. Geschlossene Strings kommen in allen Stringtheorien vor.

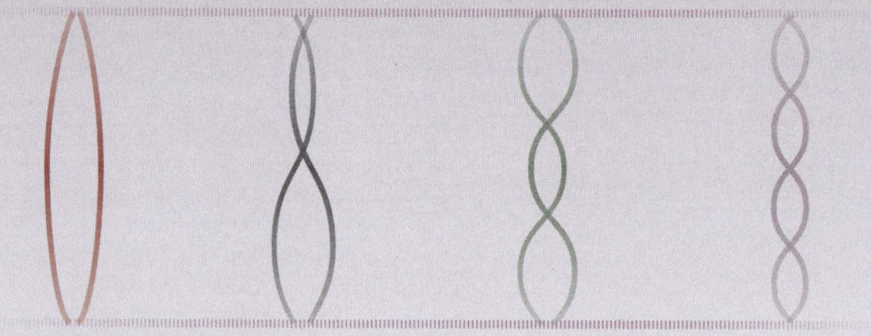

Offene vibrierende Strings
Ein offener String hat Endpunkte, die an zweidimensionale Flächen, die D-Branen, anknüpfen. Nicht alle Stringtheorien enthalten dieses Konzept.

VIBRIERENDE FÄDEN

Die Stringtheorie ist eine mögliche Theorie von Allem (siehe S. 138–139). Sie nimmt vibrierende eindimensionale Fäden (Strings) an, deren verschiedene Schwingungszustände sich als die verschiedenen Elementarteilchen manifestieren, einschließlich eines Trägerteilchens für die Gravitation, das Graviton. Gravitonen können in höhere Dimensionen entweichen, sodass sich diese Kraft von den anderen Grundkräften unterscheidet. Es gibt mehrere Formen von Stringtheorien.

VIELDIMENSIONALE FÄDEN

Die M-Theorie vereinheitlicht fünf Formen von Stringtheorien mit jeweils verschiedenen Arten von Strings. Die M-Theorie schlägt Branen als fundamentale Bausteine vor: vieldimensionale Entsprechungen der eindimensionalen vibrierenden Strings. Die Theorie erfordert elf Dimensionen (zehn Raumdimensionen und die Zeit). Sieben davon sind so klein »aufgerollt«, dass wir sie aus Sicht unserer vier Dimensionen nicht erkennen. Eine Kritik an Stringtheorien und der M-Theorie ist, dass sie womöglich nicht falsifizierbar sind.

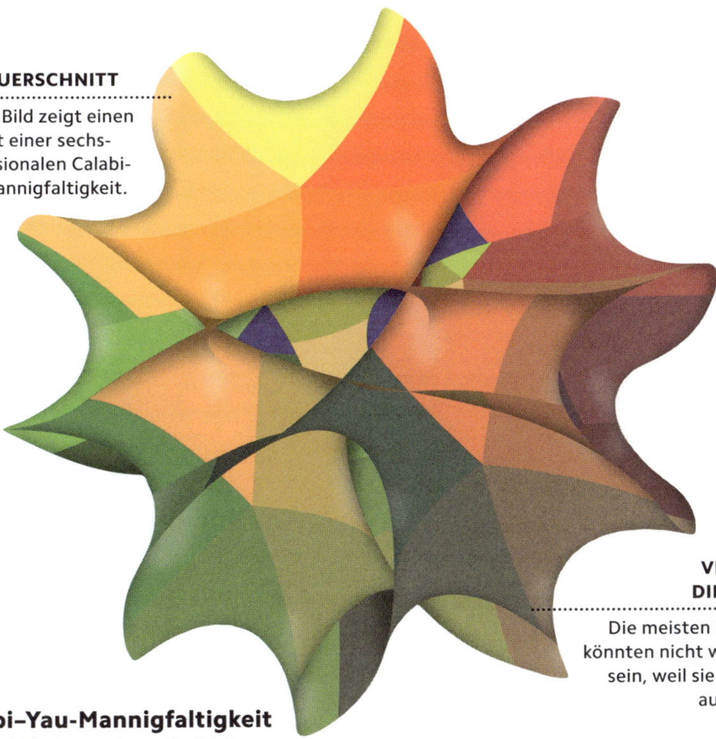

6-D-QUERSCHNITT
Dieses Bild zeigt einen Schnitt einer sechsdimensionalen Calabi-Yau-Mannigfaltigkeit.

VERBORGENE DIMENSIONEN
Die meisten Dimensionen könnten nicht wahrnehmbar sein, weil sie in sich selbst aufgerollt sind.

Calabi–Yau-Mannigfaltigkeit
Man schlägt vor, dass die übrigen Dimensionen der Stringtheorie aufgerollte komplexe vieldimensionale Räume wie diese Calabi-Yau-Mannigfaltigkeit sind.

DER STOFF DES RAUMS

Die Schleifenquantengravitation ist ein Kandidat für eine Theorie von Allem (siehe S. 138–139). Statt die Grundkräfte zu vereinheitlichen, modelliert sie die Gravitation als Eigenschaft der Raumzeit (siehe S. 23), die aber granular ist und aus Schleifen von Gravitationsfeldern auf Größenordnungen der Planck-Skala besteht. Die Schleifen sind zu sogenannten Spin-Netzwerken verwoben, die die Zustände und Wechselwirkungen repräsentieren und Beobachtern als wabernder sogenannter Spin-Schaum erscheinen.

> »Am befriedigendsten an diesem Bild des Raums der Schleifenquantengravitation ist, dass es völlig relational ist. Die Spin-Netzwerke leben nicht im Raum; ihre Struktur erzeugt den Raum.«
>
> Lee Smolin

SPIN-NETZWERK

In der Schleifenquantengravitation repräsentiert ein Spin-Netzwerk einen Zustand des Gravitationsfelds zu einem bestimmten Zeitpunkt.

QUANT
BIOLOG

E N -

I E

Grundsätzlich beruhen alle Prozesse, die wir Leben nennen, auf der Biochemie – den chemischen Wechselwirkungen einer Vielfalt komplexer Moleküle. Daher sollte es nicht überraschen, dass die Quantenphysik hier beteiligt ist. Viele Pioniere der Quantenphysik, etwa Erwin Schrödinger und Niels Bohr, nahmen an, dass Quantenphänomene eine wichtige Rolle bei den verschiedensten Vorgängen von der Energieerzeugung bis zu genetischen Mutationen spielen. Doch erst in den letzten Jahrzehnten konnten wir dank unseres zunehmenden Wissens über die Biochemie einige dieser Quantendetails aufdecken.

PHOTONEN UND LAUB

Fotosynthese ist der Vorgang, durch den Pflanzen Zucker und andere Moleküle (Sauerstoff) unter Nutzung der Energie des Sonnenlichts herstellen. Im ersten Schritt rufen Photonen chemische Veränderungen in bestimmten Molekülen, den Chromophoren, hervor. Die dabei aufgenommene Energie wird auf andere Moleküle übertragen, wo sie mit erstaunlicher Effizienz genutzt wird, etwa mithilfe synchronisierter Schwingungen zwischen Energiezuständen. Die Fotosynthese ist eine Anpassung der Pflanzen an die Quantennatur des Lichts, aber einige Biologen meinen auch, dass weitere Quantenphänomene wie die Superposition (siehe S. 38–39) bei den Reaktionen eine Rolle spielen.

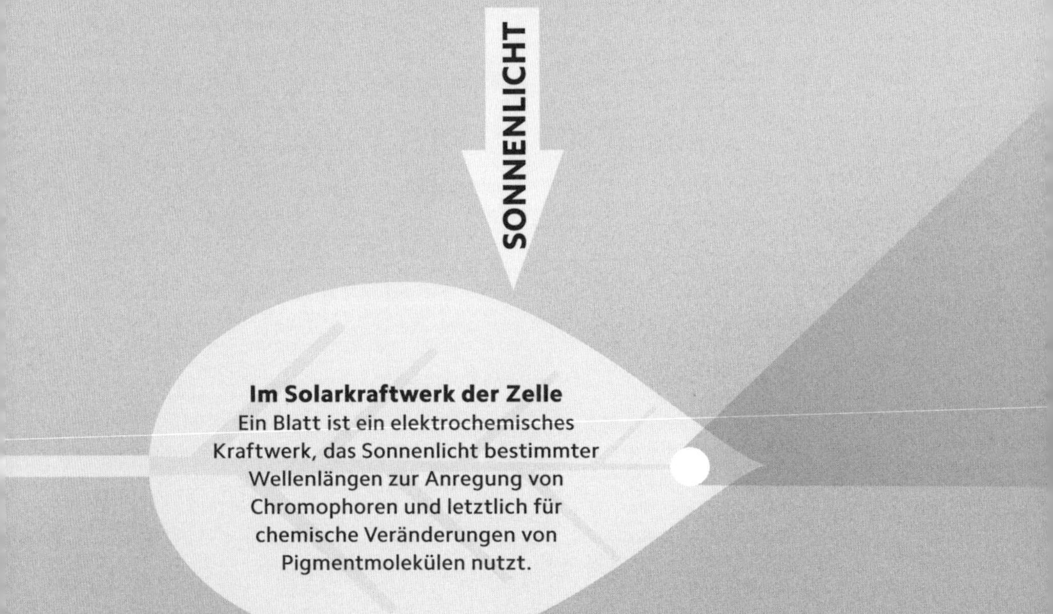

Im Solarkraftwerk der Zelle
Ein Blatt ist ein elektrochemisches Kraftwerk, das Sonnenlicht bestimmter Wellenlängen zur Anregung von Chromophoren und letztlich für chemische Veränderungen von Pigmentmolekülen nutzt.

PHOTONEN

Das einfallende Licht hat eine Photonenenergie entsprechend seiner Farbe. Chromophore werden durch Photonen hoher Energie (violett, blau) sowie niedriger Energie (rot) angeregt; mittelenergetisches grünes Licht wird dagegen reflektiert.

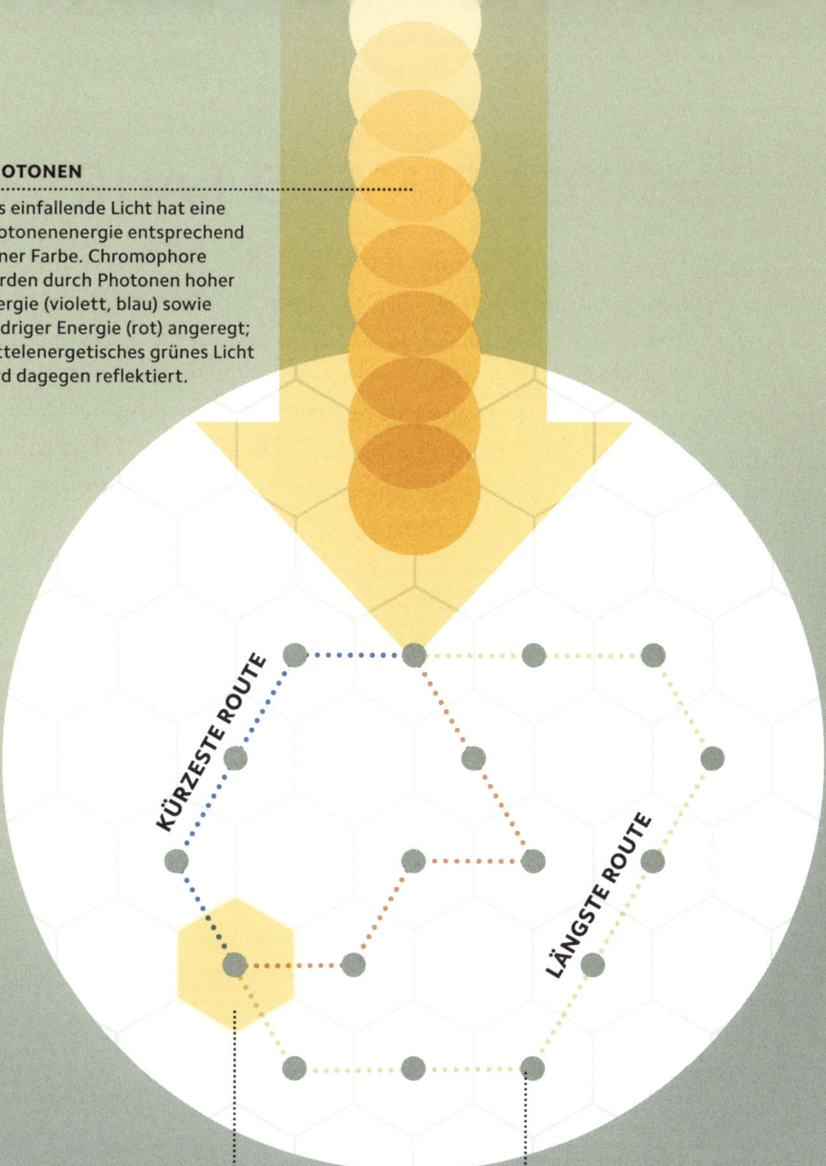

REAKTIONS-ZENTRUM

Veränderungen in den Pigmenten trennen positive und negative Ladungen und bauen so ein elektrochemisches Potenzial auf, das weitere chemische Reaktionen auslösen kann.

LICHTSAMMELNDE MOLEKÜLE

Energie wird über benachbarte Chromophore sehr effizient zu Reaktionszentren übertragen. Jedes Molekül der Kette ist stets bereit, Energie aufzunehmen, und man vermutet, dass Quantenphänomene dazu beitragen, den effizientesten Weg der Energie zu bestimmen.

IN UNSERER DNA

Für die Evolution des Lebens sind Mutationen essenziell: zufällige Veränderungen der DNA, des selbstreplizierenden biochemischen Moleküls, das die Informationen für den Bau eines Lebewesen trägt. Bei manchen Mutationen geht eine Base (eine chemische Einheit der DNA und sozusagen ein Buchstabe ihres Codes) von einer Form in eine andere über. Da Basen an sich sehr stabil sind, denken einige Forscher, dass der Tunneleffekt (siehe S. 70–71) Energiebarrieren in ihrer Struktur überwindet und Veränderungen ermöglicht.

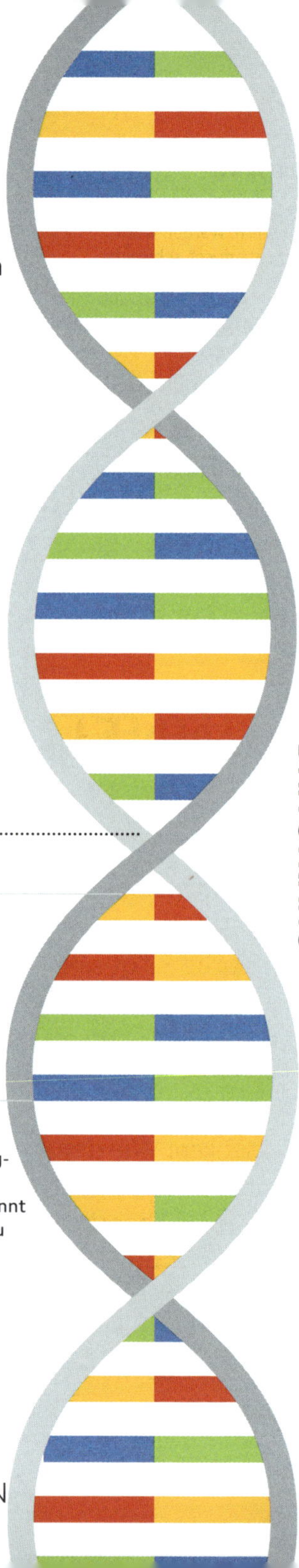

BASENPAARE

Basen verbinden sich zu spezifischen Paaren: Adenin mit Thymin und Guanin mit Cytosin.

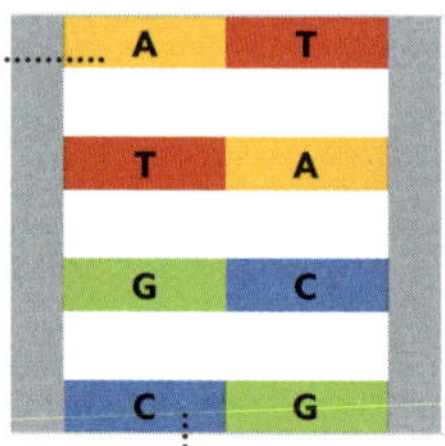

Quantenveränderungen
Eine Form von Mutationen könnte durch ein Quantenereignis entstehen, bei dem ein Proton von einer Base zur benachbarten Base tunnelt. Das ändert die Länge der Bindung zwischen ihnen und führt zu einem Fehler, wenn die DNA repliziert wird.

SUBSTRATE

Die Stoffe, die miteinander reagieren, werden wohl zunächst durch schwache Anziehungskräfte zu verschiedenen Bereichen der Enzymoberfläche gezogen.

ENZYM (KATALYSATOR)

Chemische Veränderungen bei der Bindung der Substrate an das Enzym ermöglichen die Überwindung der Energiebarriere, die die Reaktion sonst verhindert. Das Produkt der Reaktion löst sich vom Enzym.

Katalyse

Katalyse ist ein Vorgang, bei dem eine Substanz (der Katalysator) die Struktur von zwei oder mehr Substraten so ändert, dass sie reagieren. In manchen Fällen wird die Energiebarriere offenbar durch Quantentunneln überwunden.

TUNNELN ZUR REAKTION

Enzyme (Biokatalysatoren) sind chemische Stoffe, die an Prozessen im ganzen Körper beteiligt sind, etwa bei der Verdauung (der Zerlegung der Nahrung in Nährstoffe). Sie ermöglichen Reaktionen anderer Moleküle (der Substrate), indem sie wohl die Energiebarriere für die Reaktion senken. Wie genau das funktioniert, verstehen wir allerdings noch nicht gut. Nach einer Theorie schaffen sie Verhältnisse, unter denen Elektronen die Lücke zwischen den Substratmolekülen mittels Quantentunneln (siehe S. 70–71) überwinden können.

PAARE FREIER RADIKALE

Bei Photoneneinfall spalten sich einige Moleküle in ein Paar von Radikalen, die jeweils ein Elektron der früheren gemeinsamen chemischen Bindung erhalten.

CRYPTOCHROM

Cryptochrome, spezielle Proteinmoleküle, kommen in der Netzhaut von Vögeln vor. Die Bindungen in diesen Chryptochrommolekülen könnten durch einlaufende Photonen gestört werden.

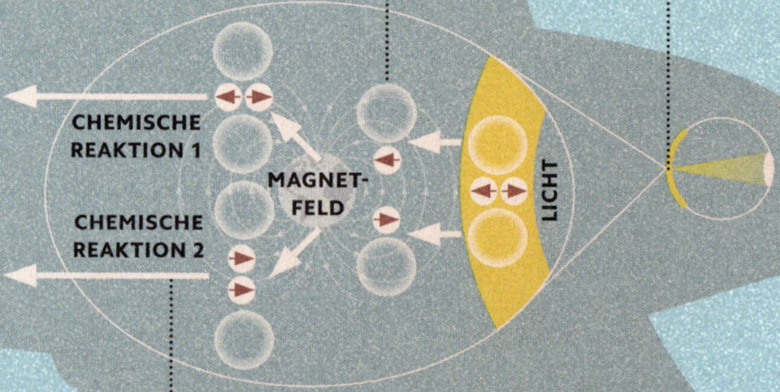

SIGNAL ANS GEHIRN

Radikalenpaare können nur zwei Zustände einnehmen (den Singulett- und den Triplettzustand), und das Erdmagnetfeld könnte diese Zustände beeinflussen. Die Zustände könnten unterschiedliche elektrochemische Nervensignale ans Gehirn hervorrufen.

Siehe die Kraft!
Zugvogelarten navigieren sehr genau, selbst über Gebieten oder bei Wetterverhältnissen, bei denen sie sich nicht an sichtbaren Landmarken orientieren können.

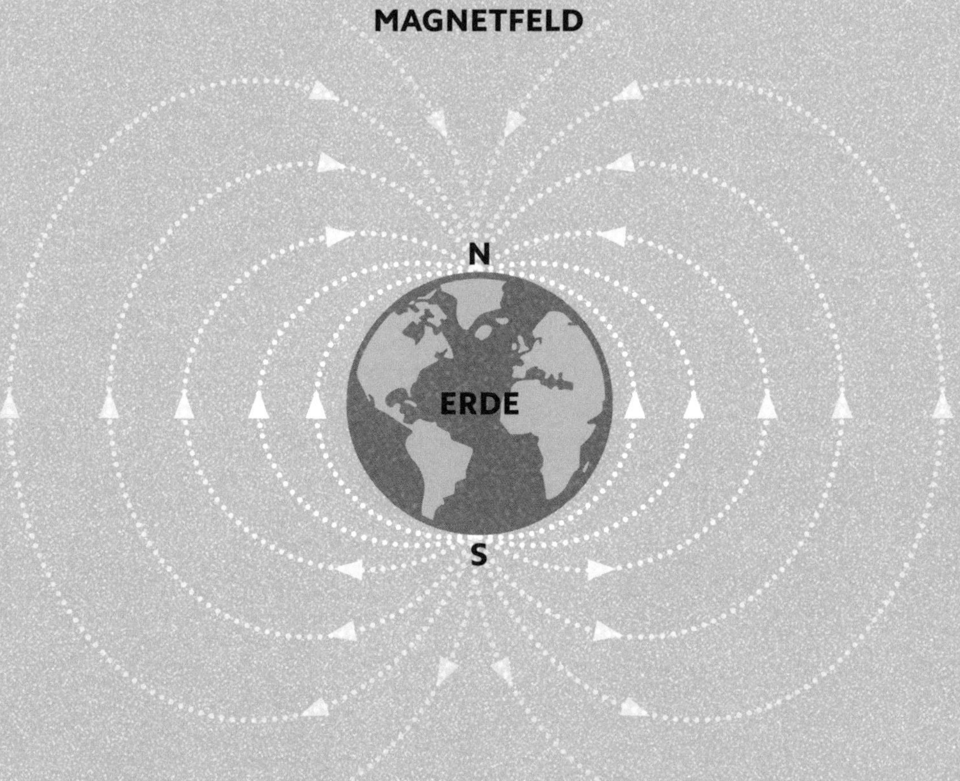

MAGNETWAHRNEHMUNG

Bei den jahreszeitlichen Wanderungen legen Zugvögel weite Strecken zwischen ihren Winter- und Sommerquartieren zurück. Experimente haben gezeigt, dass sie sich mit einer Art innerem Kompass orientieren – und es gibt Hinweise, dass Quanteneffekte dabei relevant sind. Bestimmte Proteine, die Cryptochrome, in der Netzhaut des Auges bilden bei blauem Licht Molekülpaare mit korreliertem Spin (siehe S. 66). Diese Spins können sich am Erdmagnetfeld ausrichten. Vögel können so das Erdmagnetfeld womöglich tatsächlich sehen.

UNSER GERUCHSSINN

Im traditionellen Modell des Geruchssinns, dem Schlüssel-Schloss-Prinzip, passt ein Molekül eines Geruchsstoffs genau zu Rezeptormolekülen spezifischer Sinneszellen, die den entsprechenden Geruchseindruck auslösen. Aber ist das alles? Die unbelegte sogenannte Vibrationstheorie zieht Quanteneffekte zur Erklärung einiger ungelöster Probleme dieses Modells heran. Demnach ist auch ein Quantentunneleffekt infolge von Molekülschwingungen der Geruchsstoffe relevant.

Die Struktur der Geruchsstoffmoleküle ist nicht statisch, vielmehr schwingen sie schnell in verschiedenen sogenannten Moden, ähnlich wie Harmonien in der Musik, wobei sie Energie im Infrarotbereich abgeben.

Riechen als Quantentunneln?
Nach einem Modell werden Nervensignale ausgelöst, wenn Elektronen eines Geruchsstoffmoleküls in die Rezeptorproteine tunneln und dabei den Energiezustand dieser komplexen Moleküle verändern.

QUANTENBEWUSSTSEIN?

Bewusstes Erleben scheint einzigartig für Menschen zu sein – aber könnten unsere Fähigkeiten des Schlussfolgerns, der Fantasie und der Problemlösung in der Quantenphysik wurzeln? Einige berühmte Physiker haben spekuliert, dass einzigartige Aspekte des Gehirns auf Quantenphänomenen wie der Verschränkung (siehe S. 72–73) oder der Superposition (siehe S. 38–39) beruhen, doch andere zweifeln, wie das konkret gehen könnte und ob eine Quanten-Unbestimmtheit wegen der Dekohärenz (siehe S. 75) in unserem Körper überhaupt lange genug besteht, damit das Gehirn sie nutzen kann.

Quantendenken?
Die Fähigkeit des Gehirns zur Lösung von Problemen, an denen Computer scheitern, könnte bedeuten, dass es Superpositionen nutzt und teils wie ein Quantencomputer (siehe S. 107) funktioniert.

REGISTER

Seitenzahlen in **Fettdruck** verweisen auf Haupteinträge.

L

M

N

O

P

Q

R

S

T

U

V

W

XYZ

DANK

Der DK Verlag dankt folgenden Personen für ihre Mitarbeit: Dominic Walliman für den Beitrag zum Inhaltsverzeichnis, Mik Gates, Dan Crisp und Dominic Clifford für Abbildungen, Helen Peters für das Register, sowie Suhita Dharamjit, Harish Aggarwal, Priyanka Sharma und Saloni Singh für die Umschlaggestaltung.
Umschlagbilder: *Vorn und Rücken:* **Wikipedia:** PoorLeno.

ZITATNACHWEIS

Der Verlag hat sich bemüht, alle Rechteinhaber ausfindig zu machen. Eventuelle Auslassungen werden wir bei entsprechendem Hinweis gern zu einer späteren Auflage korrigieren. Wenn nicht anders angegeben, wurden die Zitate frei übersetzt. **37** Murray Gell-Mann, nach: James B. Hartle, Theories of Everything and Hawking's Wave Function of the Universe, In: *The Future of Theoretical Physics and Cosmology*, http://arxiv.org/abs/gr-qc/0209047v1, 2002, S. 9. **38** Paul M. Dirac, *The Principles of Quantum Mechanics*, Oxford University Press, 1988, S. 4. **42** Werner Heisenberg, *Ordnung der Wirklichkeit*, Piper, 1989, S. 59. **45** Richard Feynman, in: Feynman/Leighton/Sands: *Quantenmechanik*, DeGruyter, 2015, S. 332. **47** John Steward Bell, in: P.C.W. Davies/J.R. Brown (Hg.), *Der Geist im Atom. Eine Diskussion der Geheimnisse der Quantenphysik*, Springer Basel AG, 2013, S. 64. **52** Albert Einstein, 1927. **56** Louis de Broglie, *Physics and microphysics. Expositions on physics and the history and philosophy of science*, Harper, 1955, S. 209. **66** Werner Heisenberg, *Encounters with Einstein. And Other Essays on People, Places and Particles*, Princeton University Press, 1989, S. 31. **98** Isidor Isaac Rabi, nach: John S. Rigden, *Rabi. Scientist and Citizen*, Basic Books, 1987, Preface. **101** Günter Blobel, Nobelpreisrede, 1999. **115** Albert Einstein, 1955. **117** Stephen Hawking, In: Time Magazine, 15 November 2010, http://content.time.com/time/magazine/article/0%2c9171%2c2029483%2c00.html. **124** Steven Weinberg, Interview in Quanta Magazine, 17.03.2015. **131** Neil deGrasse Tyson, Interview, In: *Popular Science Magazine*, 12.02.2014. **133** Steven Weinberg, *Conceptual Foundations of the Unified Theory of Weak and Electromagnetic Interactions*, Nobelvortrag, 08.12.1979. **139** Abdus Salam, *Gauge Unification of Fundamental Forces*, Nobelvortrag, 08.12.1979. **141** John Wheeler, nach: James Gleick, *Genius. The Life and Science of Richard Feynman*, Random House, 1993, S. 93. **145** Lee Smolin, *Three Roads to Quantum Gravity*, Basic Books, 2017.